荷花出版
EUGENE GROUP

家長不成文的管教法

荷花出版

家長不成文的管教法

出版人：尤金

編務總監：林澄江

設計：李孝儀

出版發行：荷花出版有限公司

電話：2811 4522

排版製作：荷花集團製作部

印刷：新世紀印刷實業有限公司

版次：2022年12月初版

定價：HK$99

國際書號：ISBN_978-988-8506-65-1

© 2022 EUGENE INTERNATIONAL LTD.

荷花出版
EUGENEGROUP

香港鰂魚涌華蘭路20號華蘭中心1902-04室
電話：2811 4522　圖文傳真：2565 0258
網址：www.eugenegroup.com.hk
電子郵件：admin@eugenegroup.com.hk

養兒要三分飢與寒

作為現今新一代父母，對於往時的傳統育兒智慧，你會否相信？抑或只是一笑置之，認為只是「古老嘢」，時代已不同了，怎會相信？

所謂傳統育兒智慧，究竟是否真有智慧所在？或者，由於生活條件或環境所限，在當時來說是可行和合理，但到了今天，生活條件和環境正不斷改善，有人會認為，所謂傳統育兒智慧已不合時宜了！不過，傳統育兒智慧是否會因時代的進步而抹殺其「智慧」？抑或既然是「智慧」，應是跨越時間的局限呢？

其實，這個問題一定要看情況而定，視乎這句傳統育兒智慧是否經得起時間考驗，真的是否深藏智慧在其中。就以上一代父母輩常掛在口邊的一句說話：「欲得小兒安，常要三分飢與寒」為例，是否有道理？有沒有「智慧」所在？

這句話的意思是若想孩子健康成長，就不要給他吃十分飽，只吃七分就可以；不要給他穿得十分暖，只穿七分暖就可以。或者有父母會問，明明還有三分未飽，為甚麼不給他吃個夠？明明還有未夠十足暖，為甚麼不給他穿得足夠？原來這句說話深藏智慧在內。根據中醫理論，小兒臟腑嬌嫩，形氣未充，消化吸收功能還未健全，所以若保持七分飽，臟腑就不容易損傷，不易患肚子脹疼和腹瀉等腸胃病。另一方面，令孩子保持三分寒，原意並非讓小兒受凍，而是由於孩子元氣充足，天性好動，如果衣服過暖便容易出汗受涼，令孩子處於七分暖的環境中，就不易患咳嗽、哮喘、發燒等肺部病了。所以，這句古老育兒之言，其實跟我們現在常說的不要嬌生慣養意思相通，別讓孩子吃得太多、穿得太暖，適當地凍着點、餓着點，對孩子是有好處的。

我們這一代父母，對於傳統育兒智慧應不要隨便摒棄，其實，育兒教養之道，古今皆有不少相通之處。本書的出版，皆有感現代父母遇到管教孩子上的棘手難題時，都會束手無策，我們深明家長的煩惱，特意請來40多名專家，為家長提供管教之道。有意教好子女的家長，這本書一定要放在你的案頭了！

目錄

Part 1 問題兒童

Part 2 家長進修

Similac

雅培心美力
HMO益生元
全港含量No.1⁺
改寫免疫力標準#

升級版
5HMO*

Abbott
雅培

Part 3 漫畫教養

鳴謝以下專家為本書提供資料

駱慧芳 / 資深註冊社工	鄧淑貞 / 註冊社工	黃永泰 / 心理治療師
陳香君 / 資深註冊社工	何沛怡 / 註冊社工	謝仉賢 / 言語治療師
張詠詩 / 資深註冊社工	陸月惠 / 註冊社工	黃超文 / 家庭及輔導服務高級主任
王德玄 / 資深註冊社工	何詠思 / 註冊社工	陳耀杰 / 家計會教育主任
王美玲 / 資深註冊社工	張敏如 / 註冊社工	謝韻姿 / 資深輔導員
梁翠雲 / 資深註冊社工	張佩玲 / 註冊社工	梁慧思 / 註冊營養師
李淑輝 / 資深註冊社工	梁詩慧 / 註冊臨床心理學家	李杏榆 / 註冊營養師
李耀群 / 資深註冊社工	葉妙妍 / 註冊臨床心理學家	張傑 / 兒科專科醫生
吳瓊欣 / 資深註冊社工	陳潔冰 / 註冊臨床心理學家	宋鳳儀 / 香港專業教育學院講師
袁嘉華 / 資深註冊社工	程衛強 / 註冊心理學家	張韻儀 / 香港家長教育學會主席
范浣棠 / 註冊社工	陳曉中 / 輔導心理學家	陳家裕 / 升學及擇業輔導老師
張春鳳 / 註冊社工	鄧偉茵 / 教育心理學家	張大偉 / 資深私家偵探
黃麗燕 / 註冊社工	李偉堂 / 臨床心理治療師	徐曉彤 / 香港外傭僱主關注組召集人
梁翠迎 / 註冊社工	葉偉麟 / 兒童行為情緒治療師	Sheila Mcclelland / 動物慈善組織創辦人

照顧乾燥濕疹性肌膚

守護健康BB肌

深層潤膚組合

Step 1

Step 2

日常防護之選

英國醫生選用^

長達8小時滋潤*

3重滋潤膜

請即掃瞄二維碼查閱網上選購及銷售點

Part 1

小朋友逐漸長大，問題越來越多，彷彿像個
問題兒童，令父母十分頭痛。譬如孩子冇規冇矩、
固執成性等，都令家長束手無策。本章有二十多個
問題兒童的例子，由專家教你如何拆解，十分有參考價值。

冇規冇矩
好難管教？

專家顧問：駱慧芳/資深註冊社工

　　每位父母都待子女如珠如寶，疼愛有加，但當幼兒不知不覺間變得越來越「難搞」，想必也會令很多家長不知所措。孩子不願收拾玩具、不能坐定定吃飯；當遇到不順心的事情時，在街上大吵大鬧、哭喊，鬧脾氣時擾民程度足以令周遭的人退避三舍，會令人覺得父母「冇規矩」。到底家長可如何扭轉這個局面？本文社工為大家分享。

點解孩子會冇規矩？

香港家庭福利會社會工作顧問駱慧芳表示，很多時候小朋友沒有規矩，做出對大人來說不恰當的行為，其實是他們希望表達內在需要的方式，只是用錯了方法。現在香港普遍也是「一孩家庭」，孩子集萬千寵愛在一身，不少家長對小朋友太過放任，管教寬鬆。很多時候小朋友鬧脾氣，是希望父母能達到自己的一些要求，不少父母都很怕小朋友大聲哭喊，在這些情況下便很容易屈服，立刻遷就或滿足他們的要求，讓小朋友得寸進尺，助長了他們的不當行為，在外面也不會懂得體諒別人的需要，霸道行為嚇怕別人。另一方面，有部份家長較缺乏耐性，當他們發現小朋友做不到的時候，便會立即幫他們完成，孩子便不會覺得自己需要為自己的事情負責。

訂立規則重要性

駱慧芳指出，父母與小朋友訂立合理、明確而穩定的期望，並採取一致的管教方針和態度，孩子會從中感覺到安全、舒服和穩定。當小朋友感到有安全感，感到被身邊的人信任及接納，才會放膽去發展「自我」，並敢於面對挑戰和勇於接受失敗的經驗。

舉例說，小朋友每次吃飯前都要洗手，堅持做下去就變成了一種生活習慣，孩子就會逐漸適應，過渡到自己去洗手。又或是每天睡覺前，讓孩子自己或者和家長一起收拾玩具，會慢慢培養孩子的責任感，孩子便會明白「這是我自己的事情」，而不是玩過之後就不管了，或者這只是爸爸媽媽的事情。這樣可令小朋友明白父母的要求和期望，毋須猜測父母的心意，增加他們的安全感，他們的自信心自然大增，掌握新事物亦更有信心。同時訂立規則也是為孩子奠定了生活的界線，只有當孩子懂得規則，他們才能夠自律，對自己的行為負責，讓他們更容易適應家庭以外的環境。

建立規矩3部曲

培養孩子守規矩是個漫長的過程，很多家長在這時候都會感到頭疼，無論怎麼說，或勸或罵，孩子就是不肯遵從，有時候越說孩子，他們反而越反叛。駱慧芳為家長建議以下3部曲，為

家長應從小培養孩子的自理能力，從而建立責任感。

孩子建立規矩，但她提醒家長不能一步登天，很多時候要重複多次，孩子才能夠足夠掌握。

Step 1：堅持原則

家長可按照孩子的年齡及能力，訂立合理規則，並清晰地讓孩子知道，實踐規矩的重要性。家長需要堅守一些基本原則，如要自己收拾、不能傷害或打擾別人等。在家中和出外，家長都要提前給孩子說明規矩，並且用簡潔、具體的方式，讓孩子清晰自己應該做些甚麼，不能夠做哪些事。家長和孩子溝通時，也要語氣堅定。

Step 2：耐心引導

一旦孩子破壞規矩，出現不良的行為時，家長應避免即時破口責罵，而是先克制自己衝動和負面的情緒，冷靜下來思考一下，然後才對孩子的行為作出較全面的回應。家長需要了解孩子行為背後的原因，耐心引導孩子說出內心的感受，但同時也要嚴肅和具體地指出其錯誤的行為，如「你不可以傷害他人」、「你不可以亂發脾氣」等。家長亦可以善用問題，如「你覺得這樣做有甚麼不對呢？」，訓練他們思考和解決問題

的能力，以及對自己的行為負責任。

Step 3：給予出路

　　家長要讓孩子明白他們的行為，會導致不同的結果，而他們需要自行承擔。家長可基於孩子一些選擇的空間，例如他們扭計想吃糖果，家長可以跟他們説「你這樣哭也不會有糖果吃的，如果你乖乖收拾完玩具就可以吃」，逐漸他們便會明白這個方法行不通，慢慢改掉容易發脾氣的壞習慣。另外，家長應鼓勵孩子勇敢面對問題，如果孩子做出好的行為，家長可以讚美孩子，讓孩子知道令人愉悦的行為，有助強化正面行為。

從小訓練自理能力

　　駱慧芳表示，培養孩子的自理能力，是建立規矩十分重要的一環。在鍛煉自理的過程中，孩子可以學習面對挫折和解決困難，並有機會展現自己的能力，能增加他們的自信心和能力感。她提醒家長千萬不要抱着「大個啲先學」的心態，認為他們不懂得做或做得不好，就立即出手相助。因為不同階段的小朋友，也有不同的能力，家長可按照孩子的成長進度，要求他們獨立地完成任務，以及幫忙做家務，例如是自行吃飯、收拾碗筷及收拾玩具等，有助建立家庭常規，並培養責任感。

培養良好人際關係

　　孩子在與其他小朋友玩耍的過程中，出現不願分享、搶玩具、不遵守規則等情況，也是很常見的。駱慧芳建議家長可從小幫助孩子建立熟悉的社交圈子，例如讓孩子參加鄰居、親友聚會、安排孩子上playgroup等，令他們習慣與同輩相處。孩子亦會從中學會分享、輪候、遵守規則、協作及解決問題等技巧，例如他們會學懂玩溜滑梯要一個跟一個；別人在玩自己喜愛的玩具時可以禮貌地詢問「不如我們一起玩，好嗎？」等。

　　若孩子在與同伴遊戲時出現爭執、情緒波動等情況，家長可在適當時出面介入，但宜留一點空間讓孩子反思自己剛才的行為，引導孩子從他人的角度思考問題，學習去明白別人的感受。孩子的社交技巧經過重複練習及實踐後，便會慢慢地變得純熟，所學的也會變成生活中的一部份，為將來的性格及心理發展建立良好的基礎。

大頭蝦孩子
冇記性點搞？

專家顧問：陳香君/資深註冊社工

　　不論是幼稚園，或已升讀小學的孩子，總是時常忘東忘西，今天是忘了帶餐具，明天是忘了帶運動服，類似場景每隔幾天就會上演一次。孩子為何容易無記性？他們的記憶力是否天生較差？這是否跟孩子的專注力有關？面對「大頭蝦」孩子的行為，家長該怎麼辦呢？本文專家教家長如何讓孩子牢牢地把事件記下來。

記憶力與兒童發展有關

　　提及孩子為何總是忘東忘西，父母應該要先考慮孩子的認知能力發展。因為記憶力屬於較複雜的能力，需要運用到包含視覺、聽覺、語言理解及表達、專注力、空間概念與組織、邏輯推理等許多腦部功能，將這些能力與信息都整合起來，才有所謂的記憶力。而年幼的孩子能夠記住東西的時間較短，可能記一下又忘記了，且能記住的內容較少，也容易出現時間上的混淆，搞不清楚日期與時間，可能將前幾天所發生的事情，當成昨天發生的事件，因此常出現「記不住」的情況。

沒興趣便不上心

　　跟孩子說了很多遍，他們到底是忘記了，或是故意的嗎？其實並不盡然。只能夠說孩子對於他們沒興趣的事情，根本不會放在心上。因為他們沒興趣，所以不會專心聽、不會去注意，所以很容易便會忘記。特別對於年紀小的孩子來說，專心更是一件十分艱難的事情。但是只要是他們喜歡、感興趣的事物，如哪種糖果較好吃、哪件玩具最好玩、下個電視節目是甚麼等，他們都會記得很清楚。對於要關燈、拿書包等乏味的事情，他們便不太想要聽。

4招讓孩子忘不了

　　對於孩子總是忘東忘西，身為爸媽可如何協助孩子呢？陳香君表示，父母應該先了解孩子的正常發展里程碑。爸媽要知道孩

專注力x記憶力

　　「講咗好多次，阿仔都係唔記得！」、「明明都教咗好多次，阿仔都記唔實嘅？」相信不少家長都會面對類似問題，家長通常都會以「無記性」來形容孩子，但當然孩子無記性也包含了不同因素。要提升記憶力，註冊社工陳香君表示家長應先注意孩子的專注力。

　　因為專注力與記憶力是息息想關，沒有相應的專注力，一來孩子在最初已無法吸收資訊；二來沒有專注力，當事後別人問及，孩子亦可能因沒有專心而不回應。因此，當家長想着手改善孩子的記憶力時，可先留意孩子的專注力。

小朋友的記憶力練習是需從淺入深，每天恆常練習的。

子的能力範圍，對孩子有正確了解，才不會給予過多期待或協
助。而且，小朋友的記憶力練習是需從淺入深，每天恆常練習
的。以下讓她跟家長教路，一起訓練孩子「忘不了」，提升記
憶力！

第 1 招 降低要求 循序漸進

　　要知道孩子的記憶力與認知能力和身體發展有關。有時候，
孩子不是不想記得，而是他們可能由於力有不逮，或工作程序繁
複，而未能完成責任。事實上，失敗經驗過多會減低孩子承擔責
任的動力，打擊其自信心，容易令孩子遇事卻步，無法承受責任
所帶來的壓力。因此，家長要衡量孩子是否勝任，查看自己是否

要求過高，之後才安排孩子承擔責任，否則只會適得其反。爸媽可以將目標分成幾個小步驟，讓孩子自己動手做，每完成一步驟後，再進展至下一步驟，逐漸增加他們需要動手的內容。

第2招 給予空間

有些細心的父母通常會幫助孩子準備好所有東西，還會常常提醒他們要注意的事項。因為總有人會提醒他們，孩子自然會因此變得太過依賴，令他們覺得根本不需要自己去記，爸媽就會把所有事都記住。也有些父母覺得若要孩子自己整理，可能他們又會忘了帶某樣東西，不如自己來還比較快。然而，家長給予孩子太多的幫忙，也就等於剝奪了孩子的學習機會。因此父母要停一停，多予給點耐性，同時也可引導小朋友去思考，如問他們：「你記得上學要帶些甚麼嗎？」、「你明天有帶齊書上課嗎？」，給予小朋友思考空間。

第3招 利用圖案提醒

許多爸媽誤以為只要時間到了，孩子夠大，自然就會做了，然而當孩子沒有養成習慣，後來即使具有足夠的能力，他們也懶得自己動手做了。因此，倘若父母希望訓練孩子能夠記住某樣日常生活事物，也不用再經常提醒孩子日程項目和攜帶物品時，可給他們提供一些工具來幫助其記住。陳香君建議父母可利用圖片、圖畫或貼紙等，作為提醒物，像是在門上貼一張紙，提醒小朋友要帶備些甚麼，以幫助孩子記住要做的事情；又或是前一天晚上，要孩子先把東西整理好，讓他們有充裕的時間思考。

第4招 避免責罰 多鼓勵

「你看，我不是跟你說過了，你怎麼又忘了？」父母過度指摘，甚至是處罰孩子，只會令孩子變得緊張，常常擔心自己做得不好。孩子越是擔心自己做不好，當然就會越做不好，或是因為爸媽過度指摘孩子，讓孩子對於該件事情的印象變得不好，之後只要提到那件事情，孩子便自然地感覺又要捱罵了，當然就會排斥上學或學習了。相對於不恰當的指摘，當孩子記住了某事時，父母應該要不吝嗇給予鼓勵與讚美，讓孩子感到有成就感，日後自然更加願意努力地記住其他事情。

固執仔女
家長點教好？

專家顧問：陳香君/資深註冊社工

　　各位家長有時候會否覺得小朋友很固執呢？例如他們會對某些事情的立場和信念，有着近乎頑固的執着，或者從不肯開口要求他人幫忙，寧願自己解決。若父母看到這裏便已會心微笑，相信大家都曾經因為子女的固執而感到頭痛。本文專家教家長如何管教固執孩子，做個快樂輕鬆的父母。

怎樣形成固執性格？

　　有時候小朋友固執只是表面現象，成長是一個過程，若孩子出現狀況總有一定的原因。當家長了解過孩子的動機，應抱着理解的態度，不和孩子硬碰硬，或巧妙地用其他辦法調和，結果可能會不一樣。以下就讓陳香君為此講解，讓各位家長了解一下孩子固執背後的心理秘密。

❶　**家長縱容出來的：**有些家長在孩子很小的時候，給予的關懷和愛護太多，孩子有甚麼要求，無論正確與否都一律滿足。如時間長了，孩子就會形成「想要甚麼就能得甚麼」的錯誤意識，其願望沒有得到滿足的話，就會大哭大鬧。這個時候家長妥協，就助長了孩子的固執。

❷　**家長打罵出來的：**有些家長非常嚴格，希望自己的孩子很優秀，只要孩子稍微有點過失就打罵他們。久而久之，孩子就會形成逆反心理，即使知道自己錯了也要反抗，形成固執的脾氣。

❸　**家長標籤出來的：**孩子有時候耍些小性子、發脾氣是很正常，卻被家長認為是倔強、任性，人前人後講孩子怎麼不聽話，給孩子貼標籤。久而久之，孩子接受暗示，就真正變得固執了。

❹　**自我意識強：**孩子自2歲以後，其自我意識不斷發展，主觀意識越來越強，喜歡說「不」、「我就要」。他們只是不想再像以前那樣，事事都要依靠父母，如穿衣服、吃飯、到外面去玩都要聽從家長的安排。孩子開始有自己的獨立思想，以為甚麼事情都可以自己做了，不需要再求助於人。

❺　**自閉症症狀：**患有自閉症症狀的孩子亦常有強烈的「固執」行為，特別是堅持一些生活程序或行為模式，例如堅持坐同一個座位或拒食某種顏色的食物。若小朋友有持續的情況出現，便需求助於醫生。

固執孩子抗壓力高

　　各位家長又有否想過，「固執」的性格也許能令孩子更出色呢？根據美國育兒專家Dr. Laura Markham表示，家長應慶幸自己的子女是「固執」一族，因為他們往往會在各方面表現得更為優秀，擁有更高的抗壓能力，也較難被朋輩影響。只要父母能堅持放手，壓住口中與心中說出那句「咁樣唔得㗎」的衝動，便能培育出一個堅不可摧，時刻奮發圖強的下一代。

孩子覺得自己才是最大，控制慾及指揮慾可能會越來越強。

Dr. Laura續指，在外人眼中的「難搞」，往往是指一個人對某些價值的執着。而這份執念偏偏就是固執孩子的優勢，他們會渴求成為自己的主宰，而非從他人身上輕易地取得一切，因此他們會自發地力臻完美，甚至會挑戰自己的上限。而且他們也比一般孩子來得更加勇敢與堅毅，這正正是擔任領袖所不可或缺的特質，當他們立下志向後，這班孩子總會比其他人更加努力，更具熱誠地向自己訂下的終點進發。

固執孩子8大拆解法

孩子的主見變強不是不好，但最怕的是養成壞習慣，讓孩子得逞，又會讓他們覺得自己才是最大，控制慾及指揮慾可能會越來越強。如果家長處理不當，一味順從或壓制，都會給孩子的成長帶來不良影響。因此，面對孩子的固執，家長又可怎樣管教呢？以下繼續有陳香君為大家拆解：

❶ **給予完整預告：**當在生活上有轉變時，家長需給予孩子充足的預告。舉例來說，在趕着出門時，孩子卻一定要玩玩具或帶着自己最愛的玩偶出門，建議家長可以在帶孩子出門前先預告，讓孩子對於即將面臨的變化有心理準備；如此一來，就能讓尚未成熟的孩子有心理準備，有效減少吵着要繼續玩的機率。當父母能有完整的預告給孩子知道，可降低他們還沒成熟的心理衝擊，讓其情緒不至於上升得太快。加上，要改變小朋友的固執行為也不能操之過急，運用社交故事，會是個有效的方法。當孩子的固執

FONTAINE · VIOLETTES
芳泉

芳泉 ● 純淨生活之源

六大承諾

99%
有效殺滅細菌

pH 12.5
+ −

pH12.5
氫氧離子液

經口無害
使用放心

權威學府及
檢測中心認證

日本最先進
設備生產

無刺激性
孕婦嬰兒適用

給孩子更多地尊重和寬鬆，千萬不要試圖與他們硬碰硬。

行為有所軟化時，家長的持續讚賞會幫助他們邁向成功。

❷ **給予選擇**：對於孩子的固執，家長要巧妙誘導，靈活處理，他們要分清哪些事允許孩子自己做主，哪些事為了避免出現危險，應該如何巧妙誘導孩子不做，家長可以提供選擇的方法取代直接下達指令。例如要小朋友離開公園停止玩耍，可給予「再玩5分鐘」和「馬上走」的選擇，令他們無法抗拒。同時，家長可讓小朋友感到自己仍能掌控自己的事情，給予他們一定的自由，滿足他們想獨立的願望。另外，此種模式能為孩子提供協商的機會，提供不一樣的選擇與空間，讓他們試着練習和大人討論，但有時候孩子堅持要帶的東西或要做的事情，家長也可適度順從孩子的想法。

❸ **切勿過度反應**：若家長跟孩子發生意見不合的情況時，第一步能夠先做甚麼？大人在遇到孩子拒絕要求時，時常第一個直覺反應就是大聲對孩子說不行，這樣會令孩子變身為刺蝟，將刺朝外保護自己，準備和家長戰鬥。因此家長第一時間切記先深呼吸，告訴自己要維持理智，了解孩子拒絕的原因。若孩子仍然吵鬧不休，首要仍是先整理情緒，讓孩子選擇一個小玩具帶着或放在背包，在適當時機並經過孩子同意後，再放回原位。

❹ **讓孩子承擔後果**：家長常以為自己比小朋友活得更久，所以會知道得更多，但這種想法卻會陷入自以為是，拒絕聆聽孩子心聲的狀況中。家長在開口與孩子爭執前，應先讓孩子有開口的機會，也讓自己有聆聽的機會，也許會發現子女比父母想像中更懂事。若情況允許，父母就讓孩子嘗試堅持己見的後果，孩子體會過度堅持的下場。舉例來說，如孩子在運動時卻仍然要穿着涼鞋，家長在提醒他們換運動鞋時，堅持度高的孩子可能會不予順

從，等到實際跑步發現腳會痛時，下次不用爸媽提醒都會自己準備好運動鞋。這時他們就會自己從中學習到經驗，而不是被父母叮嚀後才如此執行，讓孩子有自我警惕的心。

❺ **和孩子講清道理：** 固執的孩子通常只知道自己「想做甚麼」和「不想做甚麼」，而不明白「為甚麼要這麼做」和「為甚麼不應該這樣做」的道理。當孩子尚年幼，對任何事情都還懵懵懂懂，因此當他們堅持己見時，教養可以先改為順從，再轉移孩子注意力，讓他們順着父母的引導走。但等到孩子2歲以後開始能溝通，就可以和他們討論，讓孩子思考怎麼做才適合。而隨着孩子年齡增長，逐漸有了自己的意見，做父母的應該提出充分的理由告訴孩子甚麼事能做，甚麼事情不能做，有了判斷是非的標準，孩子便能自己處理事情。相反，如果父母簡單地命令道：「我叫你怎麼做你就得這樣做」，其結果只是強迫無條件服從自己，孩子往往會由於不明是非更固執己見。

❻ **學會冷靜：** 孩子性格倔強的時候，家長首先是要平息自己的情緒，頭腦冷靜地處理問題，而不是將孩子當成對手，大吵大鬧或者是簡單粗暴的打一頓。其實孩子在成長的過程中，逐漸形成了自我意識，他們會用自己稚嫩的思維試着理解這個世界，因此家長應該冷靜下來，和孩子進行一次深入的交談，嘗試去了解孩子這麼做的原因。

❼ **多聽聽孩子的意見：** 很多時候，傾聽是一種有效的方法，對於有主見的孩子來說，在那些與他們有關的事情上，多聆聽他們的意見，是讓父母和孩子都感到輕鬆的一種方法。父母需要掌握一個原則，只要不危及安全，和不傷害他人的情況下，可以讓孩子自己去選擇。譬如他們想與朋友一起玩足球，就未必一定要求他們與父母一起去公園。家長在和固執孩子相處過程中，要學會談判技巧，給孩子更多地尊重和寬鬆，千萬不要試圖與他們硬碰硬。

❽ **不要過於遷就孩子：** 即使再多的策略和招數，有時還會覺得對待固執孩子是一場挑戰，如果所有的寬容、理解、尊重或民主都不能奏效時，便應行使父母的權利。譬如到了睡覺的時候，孩子仍然拒絕上床的話，可將他們抱上床，並且告訴他們：「睡覺的時間到了，即使你現在睡不着，也必須在床上呆着。」在為固執孩子訂規矩時，不要過於遷就孩子，更不要在孩子面前責罵他們有多固執，不然會讓孩子自以為有權肆意妄為。

十問九唔應
如何撬開金口？

專家顧問：張詠詩/資深註冊社工

溝通是很多家長和孩子相處時最頭痛的事情，經常有家長形容自己跟孩子交流是「左耳入，右耳出」，孩子常常「十問九唔應」。本文專家教家長如何拆解孩子「十問九唔應」的情況，教各位家長如何問得有技巧，不但令孩子輕鬆地回答問題，更有助於親子間的溝通。

孩子「十問九唔應」4大原因

有時候，有些家長說孩子經常不願說話，把口「撬都撬唔開」，到底是甚麼原因呢？以下，由兒童發展中心主管張詠詩為大家作分析：

❶ 已有預設答案：現代父母由於工作忙碌，在和孩子說話時，常常會急着表達自己的意見和指示，期望孩子乖乖照自己的話做，最好不要有意見。所以家長往往沒有仔細地把孩子的話聽完，而孩子感覺與父母難以溝通，溝通必然越來越難。

❷ 溝通時機不正確：當孩子正在思考問題，或者是看電視看得正起勁的時候，是不想與人交流的。但是很多家長卻偏要在這個時候和孩子聊聊，這樣做的結果肯定是孩子聽得不耐煩，家長也講得很累。

❸ 溝通內容太複雜：小朋友在2至3歲階段，說話或不太流利，因此家長和孩子溝通時的內容太複雜，或者是沒有重點，都會讓孩子聽不懂家長想要表達的意思，孩子只會嫌囉嗦，根本不知道家長在講甚麼，當然會左耳入右耳出了。

❹ 沒有給予空間表達：孩子說話時，偶爾會找不到適當的措辭或是不得要領，很多時候家長或會說：「你要講的應該是這個吧！」、「你想說的是這個嗎？」，立刻修正孩子的用詞，或是把孩子想說的話先說出來，家長像是在自問自答。這種情況下，孩子並不會覺得自己表達了想法。即使家長的推測是出於好意，但是對孩子而言，這樣並無法得到「完整傳達自己想法」的感覺，同時也會在不舒坦的狀態下，結束對話，甚至表達意慾亦會降低。

5招讓孩子「開金口」

相信很多家長都遇過「十問九唔應」的孩子，不知怎樣問，孩子才會答得好。其實父母可透過不同語言刺激技巧，去引導孩子回答不同的問題，以下繼續有張詠詩為大家拆解，教各位如何撬開孩子金口：

❶ 用開放性問句

想小朋友可以有所回應，父母必須掌握向孩子發問的形式和技巧。受文化及教育制度影響，家長習慣問封閉式問句，孩子需要回答的答案只有「是」或「否」。因此，父母應避免使用選

擇性問題方式，只要不是必須要讓孩子二選一，或者多選一的情景，便盡量的不要給孩子設定答案。家長可多採用一些開放式問題，譬如：「你現在有甚麼感覺？」、「你現在有甚麼想法？」等。當能善用發問技巧，留心聆聽孩子發問，這不但有助增進親子關係，更可激發孩子的思考能力，同時培養其表達能力。

❷ 加以讚賞鼓勵

家長要接受教養小朋友是件細水長流的工作，很多時候孩子需要的是關心安慰，以及大人的引導，避免因大人生氣而給孩子帶來心理影響。當孩子嘗試去表達自己的想法時，家長要及時回應，並加以讚賞鼓勵，便能讓孩子對自己產生自信，同時也知道爸媽對自己的重視，逐漸更有自信去回應父母的提問。

❸ 選擇合適時間與地點

如果父母希望孩子能專心地答覆問題，那麼選擇合適的時間與地點是十分重要，建議最好不要選擇孩子正在忙着做他們喜歡的事情時提問。例如孩子正在專心看一本書、一段卡通影片，或是正在和哥哥玩電視遊戲等，家長可以等待孩子完成該活動後才提問。至於提問的地點，也要選擇在安靜或人少的地方，他們才能聽清楚父母的問題。

❹ 問題要因應能力

問題的內容要配合兒童的身心發展，對不同年齡層的孩子發問，問題的難易度也要有所不同。面對年幼的幼兒，或許在初時每個問題都只可以是條簡短的問句，問題的內容要淺顯易懂。但之後隨着年齡的成長，父母的問題長度也需加長，同時父母亦可加入一些開放性的問題，以增進孩子的思考能力。

❺ 給予時間和耐性

家長不要以敷衍的態度回應小朋友的提問。如果當小朋友願意說話，向家長講述生活趣事，如「我今天有舉手答問題。」，家長只是敷衍答：「哦！係啊！」一句起兩句止，孩子會感受到家長隨便的回答，這會令小朋友不願意與家長傾談。亦因如此，孩子小時候已不願與父母傾談，到他們長大後就更不會願意與父母溝通。小朋友與家長分享時，也希望家長會聆聽。因此為人父母應耐心聆聽孩子的話，給予他們耐性，從而鼓勵小朋友更常表達自己。

愛順手牽羊
孩子成小偷？

專家顧問：梁詩慧/臨床心理學家

　　可能很多家長都有這樣的經歷，帶着孩子逛商店，待離開的時候，才發現孩子的手上還抓着沒有付款的玩具。「小時偷針，長大偷金」，當家長發現自己的孩子有意或無意地順手牽羊，心裏不禁既擔心又害怕，面對孩子這樣的行為，該怎麼辦呢？本文專家教家長如何制止小朋友愛「順手牽羊」的不良行為。

「順手牽羊」＝偷東西？

由於年齡尚小，孩子會順手牽羊，很多時候都是因為沒有分清物品的所有權，他們對於「拿別人東西」，並沒有一個具體的概念。現今孩子在物質方面的需要，很容易便得到滿足，這就會造成孩子一旦需要，就想擁有。在與外界環境接觸的過程中，這種想法也會延續，缺乏所有權的概念，對於自己和別人的東西不能很好地區分，即使知道是別人的東西，因為想要，也會不考慮是否屬於自己，就想擁有，這是造成孩子「拿」別人東西的最主要原因。

「你的」、「我的」概念模糊

由於孩子的心理發展水平還具有局限性，他們大多分不清「偷」和「拿」的區別，而誤以為自己喜歡的、想要的東西就可以拿走，這和搶他人玩具的行為是一樣的。因此，梁詩慧表示依照發展心理學家的說法，孩子之所以會順手牽羊，有一部份是緣於「自我中心」，即在這段時期，孩子會認為世界是以他們為中心，頭腦中有了「我的」、「我自己的」概念，但對「你的」、「他的」的概念，就比較模糊。「你的就是我的，我的還是我的」，只要孩子喜歡的東西，就肯定要歸他們所有，都認為是自己的。每個孩子都會經歷這個階段，它是成長軌跡中的過渡現象，當這個時期一過，「偷竊」行為便會慢慢消失。所以家長千萬不可隨意稱孩子是「小偷」或是「竊盜」，這樣有可能會對他們的幼小心靈造成莫大傷害，甚至會影響到其成年之後的人格完善。

5招導正順手牽羊行為

學前幼兒常常沒有物權的概念，所以看到新奇好玩的東西，就想要據為己有。而家長應該要了解，此時的幼兒還沒有偷的概念，所以也不需要太着急或是緊張。同時也應該正視幼兒在沒有經過他人同意的情況下，就拿取他人物品這件事情。幼兒物權概念的培養是社會化的過程，尊重他人物權概念的能力，會與年齡成正比的成長。

❶ 建立「我你他」概念

很多孩子都會羨慕其他小朋友的玩具、文具或零食，因此，

小朋友因為分不清「我的」、「你的」，所以很容易自以為物品是屬於自己，而有順手牽羊的行為。

梁詩慧表示父母應在孩子年幼的時候，反覆告訴他們，哪些物品是自己的、哪些是別人的，幫孩子從小建立「我的」、「你的」和「他的」概念，又或是給孩子一個房間或一個能夠讓他們放置自己物品的地方，由他們自己管理，讓其明白每個人都有屬於自己的私人領域，不經別人同意，不能隨便拿走東西。在生活上的一些細節、習慣，大人也要隨時注意，以身作則地養成尊重幼兒物權的習慣，例如拿取幼兒的東西，要先徵得他們的同意，這樣會比怒罵和責罵更有說服力。

❷ 訂定規矩

雖說「自我中心期」是成長軌跡，但身為父母卻不能對孩子的「貪得無厭」視而不見，要開動腦筋盡早幫孩子建立起「所有權」的觀念，即讓孩子知道尊重別人的所有權。家長可以鼓勵孩子當想要甚麼要先詢問大人，並且要規定在公眾場所或別人家裏，甚麼東西是可以拿的，甚麼是不可以的。最基本的規矩是：「想要甚麼，在拿起來之前，先詢問大人可不可以。」另外，在日常生活中，如果家長看到孩子與他人分享玩具或是食品，我們要及時予以表揚和鼓勵，強化他們的分享行為，這樣很快就能建立起所有權的觀念，並學會尊重他人所有權的行為習慣。

❸ 灌輸「有借有還」觀念

通常幼兒拿走或是毀損別人的東西，有可能是因為好奇，此時父母應該趁機灌輸孩子，輪流及借用的觀念，告訴他們：「當長針走到5的時候，你才可以玩這些拼圖，現在先給弟弟玩。」或是「那是姐姐的彩色筆，你要先問姐姐願不願意借給你。」無

讓孩子嘗試自己付款，讓他們體驗如何合理地擁有想要的東西。

疑教導孩子培養「借用的觀念」是一件很好的事，但卻有許多家長忘了培養孩子歸還的習慣，因此對孩子灌輸「有借有還」觀念更為重要。當孩子拿了別人的東西，家長記得提醒他們要自己歸還給別人，有時候更可由父母陪同孩子一起去，讓小朋友知道物品是屬於別人的，借用完要把物件還給別人。

❹ 認識物件的價值

有時候孩子在超市購物，他們會趁爸爸媽媽不注意，將超市裏的商品帶離開，這是因為他們還沒有在超市拿東西要付錢的概念。所以，梁詩慧表示父母與子女在超市或者商場的收銀處結賬前，可以告訴孩子，「其實每件物品都是有其價值的，需要把等值的錢支付給了收銀員，這件物品才能屬於我們。」透過讓孩子嘗試自己付款，以加深印象，同時亦讓他們體驗如何合理地擁有想要的東西。

❺ 學習付出代價

父母總是期望孩子的行為表現符合社會要求，如不自私自利、懂得尊重別人等。但要知道這些行為表現卻不是一朝一夕可以養成的，也不是光憑言教就能建立，而是要在孩子小時候就應該從生活上的瑣事着手，一點一滴地幫助他們累積習慣。因此，梁詩慧表示家長可用孩子的物品被別人不當拿走為例，説明未經同意就被擅自拿走會讓人覺得難過、生氣，所以對別人做出相同行為也會讓人有類似的感受；之後再協助孩子學習承擔自己的行為後果，如物歸原主或進行彌補，並且取得別人的原諒。

三低港孩
家長點拆解？

專家顧問：葉妙妍/註冊臨床心理學家

　　新一代的孩子被物質豐富寵壞，父母忽視子女學習獨立生活的重要性，令孩子極需要別人保護，遂成為「三低港孩」。不想孩子成為其中一份子？本文專家教家長如何管教孩子，避免他們成為「三低港孩」。

何謂「三低港孩」？

其實「港孩」現象並不算是甚麼新鮮事，平日在身邊的生活中，應該早已見識過不少做出恐怖行為的孩子，例如大發脾氣、郁手郁腳、要人服侍、無禮貌，以及不接受任何批評等。港孩多為90年代至2000年初，出生於物質相對富裕的家庭中的兒童，尤其為獨生子女、成長於中產家庭的兒童較為普遍，他們有家長疼惜、有工人照顧，只懂得讀好書、參加課外活動。此外，「港孩」被歸納為「三低港孩」，即是：

自理能力低：凡事依賴父母、家人及工人，不懂得獨自完成任務。
情緒智商低：自制能力較低，不能有效控制情緒，容易暴躁及情緒波動。
抗逆力低：遇到困難時不懂得獨自解決，只會依靠別人協助。

「三低港孩」3大成因

❶ 家長望子成龍心態

現時孩子在學習上面對巨大的競爭，家長害怕子女在高度競爭中失去優勢，於是多不理會子女的情況及需要，給子女安排許多課外活動，令每星期的行程表都排得滿滿的，總之是不能蝕底。加上學校之間的競爭也相當激烈，大家都想爭取學業成績好，又多才多藝的學生。亦由於父母的望子成龍心態，過份注重孩子學業，是導致「港孩」的成因之一。為了讓子女有更多時間溫書，家長完全不讓他們做日常的自理工作，導致子女過份依賴，失去照顧自己的能力，成為「高分低能」的港孩。

❷ 獨生子女

現時香港出生率低，許多家庭都是只生育一個孩子，每個都變成家中的「金叵羅」，導致父母過份愛錫子女，事事怕孩子吃苦，於是凡事都為他們代勞。而且，有些孩子自幼由傭人打點一切，家長完全不讓他們參與日常的自理工作，結果就令小朋友失去獨立性。亦因為父母過度保護獨生子女，每每為子女化解他們在生活上所遇到的問題，使他們缺乏面對逆境的能力。

❸ 生活物質豐富

現今家庭的資源豐富了，家長能夠給予小朋友的物質亦更豐富，許多時候小朋友要甚麼，父母都會即時滿足他們，讓他們

待人須有禮、見人要打招呼、懂感恩等，這對孩子將來有着至深遠的影響。

不懂得學會等待；導致孩子長大後只懂得追求物質生活，不珍惜自己所有，甚至會妒忌別的孩子擁有好玩具、好成績等。而且，有些父母錯誤以為讚美就是良方，於是從來不批評或責備孩子，甚至努力地將批評和教訓的說話包裝得動聽，營造出一個「超完美」的成長環境。但當小朋友上學之後，他們一遇到老師或同學反對及批評的聲音，就如天塌下來，結果有些孩子年紀小小，就不堪一擊想去自殺，導致小朋友的情緒智商和抗逆能力均低。

「三低港孩」5大拆解法

　　為人父母者，不願自己的孩子被貼上「三低港孩」標籤，除需要了解「三低港孩」是如何煉成的，更重要的當然是拆解「三

低」現象的對策。以下，繼續由葉妙妍為大家拆解：

❶ 家長應適時放手

　　自理能力非與生俱來，葉妙妍表示放手讓子女學習是第一步，讓孩子嘗試自主學習，不要輕易為他們處理所有問題，而是培養他們的自理能力，逐步累積生活經驗。家長可協助孩子從日常生活做起，鼓勵子女學習自立，家長可製造機會給孩子嘗試，如教授基本禮儀和自己梳洗等，循序漸進地教導。安排課外活動時，父母不要自作主張，要與子女一起討論，讓孩子可以依興趣發展個性和能力。家長要避免因為缺乏耐性，而索性自己做，結果只會令子女的學習半途而廢。

❷ 自我情緒管理

　　父母除需要了解孩子的情緒，窺探他們的內心世界，幫助他們能健康地發展，培養子女適當地表達情緒外，葉妙妍表示家長同時亦需要學習自我情緒管理。即使有時候孩子的表現未如預期，家長或會對子女感到失望，或是遇上不如意之事時，心情感到煩躁，也不要失去冷靜和耐性。因為當家長能管理好自己的情緒，他們才能夠回應到孩子的需要和問題。而家長處理自己情緒的方法，對孩子也會起了潛移默化的作用。當家長能先處理自己的情緒，令自己冷靜下來，除可避免口出惡言外，最重要是向孩子示範如何控制和處理負面的情緒，讓他們明白人是可以自我控制情緒，只有冷靜才可解決問題，幫助他們建立穩定的情緒和成熟的處事方法。

❸ 五育並重

　　「港孩」問題仍然是現今香港社會熱烈討論的話題，每每提及這群被過份溺愛，因過份自我中心、霸道、不懂尊重長輩、不懂與人建立溝通關係，就連最基本的自理能力及禮貌都欠缺的孩子，葉妙妍表示要解決這個問題，還是需要從教育入手。現時的教育偏重在學術方面，「五育」中的「德」及「群」教育常被忽略，家長不應只重視學術成績的高低，對孩子的基本禮貌、自理能力亦需要重視。因此要改變這個現象，家長必須從小教授孩子一些基本規矩和道理，例如待人須有禮、見人要打招呼、懂感恩等，這對孩子將來有着至深遠的影響。

❹ 以身作則

　　父母是孩子在日常生活中的導師，更是他們成長中最主要的

家長可協助孩子從日常生活做起，鼓勵子女學習自立。

學習對象，一言一行都是他們會模仿的。而家長亦需反思自己的管教是否有一致性的行為標準，因為對孩子來說，有一致性的行為標準能夠讓他們有可依循的準則，能清晰地知道父母的期望，建立自我的行為標準。因此，葉妙妍表示家長應以身作則，切忌「講一套，做一套」，多動手做，一邊講解一邊示範，教導孩子各種自理技能，如整理床鋪或綁鞋帶，並多給予子女嘗試的機會，建立他們的責任感，在他們有進步時加以鼓勵。這樣不但能提高孩子的生活自理能力，並可從生活中獲取自信心。

❺ 情緒教育

　　孩子動不動就哭哭鬧鬧、亂發脾氣，經常令大人傷腦筋。不過這些情緒失控的表現，其實只是源於他們不懂得如何正確表達情緒。即使是小朋友，他們同樣面對各種各樣的生活壓力，例如是當他們去到新的學習環境、遇上新朋友時，他們不懂表達對新事物的不安感，便可能以哭、發脾氣來表達。因此爸爸媽媽可善用親子時間，與孩子互相分享每日的心情，又可以利用情緒圖卡、繪畫等工具作輔助，教導孩子認識不同的情緒詞彙。同時亦可以養成親子互相分享的習慣，可讓孩子學習面對不滿、煩惱時的處理方法，同時鼓勵孩子更積極正面地表達自己的需要，也可以學習如何回應別人的情緒。

前香港浸會大學
浸大中醫藥研究所團隊榮譽出品

香港品牌　香港製造　科研實證　功效顯著

9成以上用家證實
有效祛濕改善疲倦#

歐洲著名大學初步實證
有效緩解「長新冠」*

濕敏痕癢

疲倦無神

胸悶腹脹

水胖發脹

生津潤燥

紓緩
聲沙喉痛

增強
抵抗力

清解
虛熱實熱

 OneHealth 同健

 onehealthhk

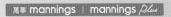

客戶服務熱線: (852)3468 4111　　網址: www.onehealth.com.hk

實品數量有限，部分貨品只限於指定店舖提供，售完即止。
#FRC調查報告 (2020年2月) *報告來源: 同健有限公司和一所歐洲著名大學的科研合作(2022)

獨生子女
易變小霸王？

專家顧問：范浣棠/註冊社工

　　香港的「一孩家庭」越來越多，獨生子女集萬千寵愛在一身，向來易被縱壞，容易成為「小霸王」，或是因為獨生子女沒有兄弟姊妹陪伴成長，會養成孤僻內向的性格。究竟獨生子女與有兄弟姊妹的孩子，在成長適應上有沒有顯著的分別呢？家長又該如何培養獨生子女，令他們成為人見人愛的開朗孩子？本文社工跟大家分享。

獨生子女 有好有唔好

獨生子女是家中被寵愛的對象，看似得天獨厚，但其實也有一些弱點，以下由註冊社工范浣棠為大家作分析：

好處1：在家中得到較多關注

父母能夠將所有精力及時間投放在唯一的孩子身上，令獨生子女能夠感受到足夠的愛、關懷和照顧，身心需要亦容易獲得滿足，他們的情緒也會顯得比較穩定。另外，由於常與成人接觸，增加刺激，有助獨生子女的心智和語言發展。

好處2：獨享資源

相對於有多於一個孩子的家庭，家長需平均分配資源在每個孩子身上，包括學習興趣班的數量等；獨生子女在家庭資源分配上，則盡佔優勢，變相令獨生孩子所得的機會會更多，家長可確保孩子在學業或課外活動方面，能有較優異的表現。

壞處1：家長過份溺愛

在獨生子女家庭，雖然父母能夠給予孩子很多的關注，但一不小心，就會變成「直升機父母」，過份呵護與遷就，容易使子女養成依賴性格；加上家長習慣圍著孩子轉，會令他們變得自我中心。另一方面，如果家長給予過多的關注，也有機會令孩子感到缺乏自由；當壓力大至不能負荷之際，或會造成反叛心理。

壞處2：社交能力較弱

獨生子女缺乏共同成長的小夥伴，由於自幼沒有機會與兄弟姊妹相處，在處理爭執、人際關係等技巧上，會比較遜色；可能要到上學後，才有機會學習與同伴相處，或會延遲了社交能力發展。

家長要調整心態

范浣棠指出，家長的態度是影響獨生子女性格和成長的主要因素，所以家長要時刻提醒自己，需分散注意力，避免將全副心機放在獨生子女身上，而是應留些時間給自己放鬆身心，並以冷靜和理性的態度管教孩子。家長同時要檢視自己的管教模式，並從日常生活和家庭教育入手，避免孩子成為人見人憎的「小霸王」。

獨生子女3大教養之道

要避免獨生子女在與人相處和性格發展上出現問題，范浣棠表示，家長在管教時可留意以下3點，有助獨生子女成為樂於溝通、善解人意的孩子：

❶ 擴闊社交圈子

家長可以幫助孩子建立熟悉的社交圈子，從小便讓他們有機會接觸同齡孩子，以填補孩子在家裏沒有玩伴的缺陷，例如是邀請同學或鄰居小朋友到家中玩耍，以及參加持續性的團體活動，如playgroup、童軍和教會活動等，讓獨生子女能夠和同齡孩子有長時間接觸和相處。孩子亦會從中學會分享、輪候、遵守規則、協作及解決問題等技巧，例如他們看到別人在玩自己喜愛的玩具時，可以禮貌地詢問「不如我們一起玩，好嗎？」；又或者他們能夠親身體會不願與人合作的後果，就是其他小朋友都不願意和自己玩。

若孩子與同伴玩耍時出現爭執、情緒波動等情況時，家長可在適當時出面介入，但宜留有空間讓孩子反思自己剛才的行為。

回家後也要與孩子進行檢討，讓他們能抒發自己的感受，再引導孩子從他人角度思考問題，學習明白別人的感受。孩子的社交技巧經過重複練習及實踐後，便會慢慢地變得純熟，所學習的也會變成生活中的一部份，為將來的性格及心理發展建立良好基礎。

❷ 避免孩子成家中「話事人」

在家人的長期遷就下，幼兒很多時候會覺得他們所得到的都是理所當然，當他們的要求得不到滿足時，便會大哭、亂發脾氣，更可能會演變成自我、刁蠻任性、挑剔的個性。所以家長應盡量不要讓孩子產生具特殊身份的感覺，包括不要讓孩子覺得父母一定需要聆聽他們的意見，讓他們成為家中的「話事人」，尤其是年幼的孩子。家長可以給予孩子有限度的選擇，讓孩子有選擇權，同時也要在家長可以接受的範圍內。

另外，家長應讓孩子盡力完成自己能力範圍內可以做到的事情，避免由大人代勞，如自己收拾玩具、自己吃飯等，養成自理的習慣，以免他們嬌生慣養。而在鍛煉自理的過程中，孩子也可學習面對挫折和解決困難，並有機會展現自己的能力，有助提升自信心。

❸ 管教寬嚴並濟

父母在管教上應該寬嚴並濟，除了要學習聆聽孩子的感受和需要，也要多陪伴孩子，以免他們過份孤僻。但同時家長亦要有管教的原則，不能讓孩子自小就任性妄為，避免他們養成壞習慣，這樣孩子就能學會如何合理地與人相處。

獨生又如何？

個人成長會受到很多因素影響，獨生與否只是其中之一。范浣棠表示，無論子女是獨生與否，只要家長能給予適當的關注、支持和管教，獨生子女便會有健康的成長，能夠成為獨立自主、懂得與人相處的孩子。

孩子自信爆棚
家長點教？

專家顧問：張春鳳/註冊社工

　　有自信的人清楚自己的能力，能夠積極地面對生活中的各種挑戰，所以從小建立小朋友的自信心十分重要。但如果孩子變得過份自信，又是另一回事。本文社工會講解父母在管教上需要注意的事項，避免孩子變得驕傲自大、囂張傲慢。

自信 vs 自大

　　註冊社工張春鳳表示，自信是一種自我肯定，自信的人會相信自己的能力與判斷力，並認為自己可以處理好一件事情，或符合一些工作要求。但他們不會覺得自己能夠應付所有的挑戰，而是知道自己的強、弱項，能接受自己的不足，願意虛心求教，積極地面對眼前的問題。擁有自信的人，無論在心理上或實際上，亦具備了恰當的能力。

　　相反，過份自信的孩子，對自己有過高的期望值，而這種期望值和他們的能力是不相匹配的，這就是自大。這類小朋友會認為自己的能力很高，看不起其他人，更覺得自己較其他人優勝，所以不需要靠其他人的幫助來完成任務。這類小朋友的自我意識非常強烈，覺得整個世界都是圍繞着自己而轉，較容易忽略身邊人的感受。

自信爆棚 有乜問題？

　　孩子過份自信，長遠來說會影響他們的個性發展及與人相處，以下是孩子自信爆棚的3大壞處：

❶ 抗拒批評

　　自大的孩子自以為十分優秀，所以不會接受其他人的批評；他們忽視實際的因素，過份相信自己的能力，處理難題時欠缺周全的考慮，故遇到挫折時較難補救。

❷ 缺乏同理心

　　自大的孩子自認為優越及高人一等，虛榮心作祟，令他們產生英雄主義，他們絕少考慮別人的感受；其傲慢的態度也不受其他人歡迎，難以及不喜歡與人合作。

❸ 產生自卑感

　　這類孩子要不斷透過與其他人比較來證明自己的能力，過程中會不斷懷疑自己，擔心其他人優於自己，或會產生焦慮的感覺。

家長不應着眼於輸贏，而是要肯定孩子在過程付出的努力。

唔好乜都讚 讚美有技巧

其實每個小朋友都喜歡得到父母的肯定，但父母「乜都讚一餐」，持續地向孩子灌輸他們有多厲害，會令他們感到自滿。所以家長要讚小朋友也要讚得有技巧，才可以讓他們自信地成長。

❶ 讚美要具體

讚美應該要具體，父母可簡潔地將孩子在某件事情上的行為描述出來，肯定他們的好表現，如讚賞他們玩完玩具後，懂得自己收拾，或別人送禮物時懂得說「謝謝」。相對於「你好乖」這種空泛的讚美，小朋友會更清楚自己的表現，並感覺父母有認真留意自己的行為，他們會更願意持續地實踐這些行為。

❷ 肯定實際努力成果

父母對孩子的讚美也不能太誇張，如讚他們「好叻」、「好靚」等，並不是他們能夠控制的因素，不宜強調。家長的讚賞應與孩子的實際付出和努力成正比，例如當同學跌倒時，孩子將對方扶起，家長讚賞孩子這種行為，會讓孩子感受到父母的肯定，並明白到樂於助人是件好事，有助強化好行為。

❸ 不作比較

家長應避免將孩子的表現與其他小朋友比較，而是將集中力

放在孩子的表現上，稱讚他們有所進步的地方，如做溫習時比之前專心、吃飯比之前快等。當小朋友只與從前的自己作比較，便不會有高人一等的感覺。

父母愛炫耀 影響孩子變自大？

避免孩子自信爆棚，家長的身教十分重要。有不少家長都喜歡向身邊的親朋好友炫耀子女的成就，例如說：「看我的孩子多厲害，又在比賽中獲得第一名了！」張春鳳表示，如果家長只是分享喜悅，應該適可而止，這種做法並不可取，因為孩子很容易會感染到爸媽的洋洋得意。而且透過與他人比較，勝過他人而獲取滿足感，從而對自己的小小成就感到自滿。張春鳳建議家長應避免炫耀孩子的成就，更要思考讓孩子參加比賽背後的動機，並不是要求孩子一定要贏。即使孩子的成績未如理想，也要肯定他們的付出，讓孩子能從容地面對挫敗，積極地面對挑戰。

培育自信孩子 2大法則

有自信是一大優點，但若孩子變得過份自信，便會成為了缺點。要育成充滿自信而又謙卑的孩子，張春鳳表示家長需要從小給予孩子嘗試的機會，但同時也需要讓他們能表現自身的能力，並接受自己的不足。

❶ 給予展現能力的機會

從幼兒階段起，家長可按照孩子的成長進度，要求他們獨立地完成一些簡單的日常生活自理工作，如自行穿鞋子、吃飯及梳洗等。在鍛煉自理過程中，孩子有機會展現自己的能力，同時明白自己會經歷挫折，繼而學習面對和解決困難；當他們成功地解決問題，又可增加他們的自信心。所以家長可以逐步放手，讓孩子嘗試更多的事情，可令他們在過程中遇到新的挑戰，孩子透過反覆的嘗試及實踐後，不斷累積經驗，令解難技巧慢慢地變得純熟。

❷ 學習接納失敗

家長如何看待挫折，對孩子發展自信心非常關鍵，在讓孩子體驗能力感的同時，家長要允許孩子有犯錯的空間，並讓他們知道失敗是可以被接納的。但家長要注意應選擇符合孩子發展階段的任務，否則孩子長期經歷失敗，會令他們的自信心低落。家長也需要從旁鼓勵孩子不斷的嘗試，若孩子成功地完成任務，家長需要給予適當的讚賞，建立他們的動機。

話極唔聽
當父母唱歌？

專家顧問：黃麗燕/註冊社工

　　當子女日漸長大，開始變得有主見，漸漸變成不聽話，甚至會厭棄父母嘮叨，還常常左耳入、右耳出，令不少父母頭痛不已。本文社工會教家長如何應付子女「話極都唔聽」的情況，並傳授溝通之道，令親子關係得以改善。

點解仔女越來越唔聽話？

有些家長會發現，孩子明明小時候十分聽教聽話，但當年紀越大時便越不聽父母的話。註冊社工黃麗燕表示，當孩子開始踏入青春期，其生理和心理上都會出現不少變化，與父母的關係也會因而受到影響。若家長認為孩子越來越不聽自己的話，可能有以下3大原因：

❶ 想獲取關注

在孩子的成長過程中，他們會逐漸發現自己可以做更多的事情，因此孩子會想其他人能夠注視到他們的能力，而與父母的對立能夠獲得更長的關注時間。所以，他們會開始作出不同程度的反抗，想在父母面前表達自己的能力而獲得關注。

❷ 反抗意味想獨立

孩子日漸長大，踏入青春期後，更會特別追求朋輩的認同，也變得想爭取個人空間。這時候，他們容易與父母產生意見分歧，也會想擺脫對父母的依賴，變得比較自我。所以，對於父母的說話，甚至對父母的安排，都會作一種反抗，這是因為孩子開始有自己的思想，是要求獨立的表現之一。

❸ 親子缺乏交流

孩子踏入反叛時期，與父母的交流不足，往往是令孩子變得越來越不聽話的原因。若家長一直用一個高高在上的姿態去命令孩子做事，亦未能意識到孩子其實已經日漸長大，他們開始有自己的想法，便會令孩子變得抗拒和不服從，更會形成惡性循環，對親子關係造成負面影響。

4大親子溝通之道

子女「話極都唔聽」，會令父母相當激心和氣餒，也會令親子關係蒙上陰影。社工黃麗燕形容親子間的相處，就像在跳一支雙人舞，要令孩子聽話，雙方溝通是十分重要的一環。以下，她會為各位家長傳授親子溝通之道，讓家長和孩子可以保持良好的親子關係。

❶ 了解孩子的需要

孩子把父母的話當作耳邊風，可能是覺得父母不明白自己的感受，只是一味否定他們，所以才會對父母的說話抱有反感、煩

踏入反叛時期，孩子開始有自己的想法，不願聽從父母的命令。

厭等態度。家長需要適當地調整親子的溝通模式，從孩子的角度去看事情，了解他們的需要，嘗試明白其經歷，而不是一開始就加上負面標籤，否定他們的看法或做法。

❷ 學習情緒管理

面對不聽話的孩子，家長可能會感到不耐煩，希望設法令孩子聽話，所以很多時候會直接喝罵他們。但一些衝口而出的説話，會令孩子感到難受，而且家長動輒就對孩子破口大罵，會讓孩子覺得父母沒有好好了解他們的想法。所以家長要先管理好自己的情緒，預留一個過濾的時間給自己冷靜下來，細心思考整件事情，有助克制自己衝動和負面的情緒，並在反思後，與孩子平心靜氣地傾談。這樣可以減低親子間的衝突，孩子也更能將家長的説話聽入耳。

❸ 坦誠地溝通

家長也要肩負起打開孩子心扉的角色，平日需多關心子女，

透過恆常的交流和傾談，家長和孩子都會更了解彼此的想法，更能避免溝通上的誤會。

盡量抽時間跟他們溝通，讓孩子知悉遇到困難時可找父母傾訴，以及父母是會無條件地接納和支持他們。家長要了解孩子的想法之餘，也可以多分享自己的感受，讓孩子能體會父母的心情。

❹ 互相尊重

在孩子年紀較小的時候，很多家長習慣扮演「權威型」父母的角色。但隨着孩子長大，他們已不受這一套，所以家長不能再單向地「由上至下」般訓話，反而需要抱着開放的態度，多點以「同行者」身份跟孩子溝通，互相尊重，在各種事情上有商有量。

拿捏管教的收與放

家長對孩子的管教方式，需要好好拿捏當中的收與放，過度的溺愛當然會造成很多行為上的問題；但太嚴苛的管教模式，也有機會造成反彈。所以家長應該做的，是多點聆聽孩子的意見，並跟他們作分析，需要給予適當的空間，讓子女做他們能力所及的事。但放手不等於放任，並非完全不管教孩子；反而是要多聆聽孩子的困惑，適時給予指引及鼓勵。

仔女變喊包
點搞作？

專家顧問：程衛強/註冊心理學家

　　每個孩子都是父母的小天使，但若當小天使們變了臉，化身成愛哭鬧的小魔怪時，爸爸媽媽的惡夢就要開始了！尤其是當孩子將哭鬧變成習慣，日又喊，夜又喊，父母就更加頭痛不已。本文專家教大家應付家中的小喊包！

寶寶喊啲乜？

當寶寶一哭，父母心中總是充滿疑惑，到底他們為甚麼會哭？心理諮詢師程衛強指出，哭泣是一種正常的情緒發洩，即使大人也會有哭泣的時候。遇到不開心、憤怒、害怕或身體不適時，小朋友便會哭泣。對於1歲以下的年幼寶寶來說，由於他們的語言及表達能力尚未發展成熟，哭鬧的原因總離不開生理需求，又或未能以語言表達自己的意願。此時父母只需檢查清楚寶寶是否尿濕了？肚子餓了嗎？感到太熱或太冷？抑或是安全感不足，需要父母的陪伴？當需求被滿足後，寶寶很快就會停止哭泣。

但隨着寶寶漸漸長大，他們會發展出較複雜的情緒。如果他們到了3至4歲左右，即使語言能力已達到一定水平時，孩子仍經常哭泣，家長便要留意，了解當中的原因。

孩子哭泣 可以點做？

❌ 錯誤方法：「收聲！唔准喊！」

當小朋友大哭時，很容易會令家長不知所措。很多時候，家長的第一個反應是馬上要求他們收聲，但程衛強表示，責罵孩子絕對不是解決問題的方法。孩子是因為心感不滿及壓抑，才會哭起上來，以責罵的方式強行令孩子停止哭泣，雖然能換來片刻寧靜，但假若家長總是禁制孩子哭，孩子就會少了一個抒發情緒的方法；久而久之，孩子的不滿、憂鬱等負面情緒越積越多。只要孩子不是大吵大鬧，其實哭泣是可以容許的，讓他們盡情地哭就好了。

✔ 正確方法：先安撫後講道理

當孩子哭泣時，最初他們的情緒一定會相當激動，父母只要靜靜的守在旁就好，不要預設任何立場，可以用擁抱、溫柔的話

咁大個都仲喊？

若小朋友到了小學階段還經常哭，家長應該多與孩子溝通，了解他們是因為甚麼事情而哭，以及情況是否頻密，是因為他們的壓力太大，還是在學校遇到不如意的事情。家長應該多聆聽孩子的心聲，明白他們的想法，以協助他們找到負面情緒的源頭。家長也應該多提升小朋友抗逆能力，引導他們思考解決問題的方法，避免他們因為小挫折而哭泣。

家長應該按照孩子的能力範圍來給予他們任務

語來安慰孩子。家長應記得首要任務是要先安定孩子的情緒，因為他們情緒激動時，任何説話都聽不進耳。等到孩子冷靜過後，家長才開始慢慢跟他們講道理，與他們討論哭鬧的原因，鼓勵他們多以言語表達自己的心情。

2大情景 各有對策

小朋友哭的原因各有不同，以下羅列出2大常見的情景。程衛強會為家長提供相應的對策，希望能杜絕家中出現「小喊包」：

情景1：意圖用哭鬧控制大人

面對孩子的扭計哭聲，有些家長會因為怕麻煩或擔心他們哭得太厲害，便立刻答應孩子的要求。但程衛強表示，這並不是可取的做法，因為家長過度遷就，會令孩子將哭鬧習以為常，或以為哭鬧是要脅大人為他們辦事的手段。

對策：轉移注意立規則

家長可嘗試轉移小朋友的注意力，例如當孩子扭計大哭要求家長買玩具給自己時，家長可避免將注意力集中在他們想要的物品上，應帶着孩子離開現場。如果已經預計到會有這樣的情況出現，家長在出門前可先跟孩子約法三章，告訴他們今天不會買玩具。若孩子依舊哭鬧，家長可提醒孩子已訂下的規則；如孩子的情緒難以控制，也可以帶孩子離開現場，切勿讓孩子覺得哭鬧能引起注意，甚至藉此控制爸媽，否則日後更難矯正這個壞習慣。

情景2：能力難達要求

有時候，小朋友因不願意照着父母的意願完成某些任務而哭，可能是能力不足，未能達到要求。例如是他們握筆的肌肉力量不夠、專注力無法持續太久等。

對策：簡化任務

家長應該按照孩子的能力範圍來給予他們任務，若觀察到孩子開始感到煩躁，遇到這種情況時，可替孩子簡化任務。例如原本要一次完成整份作業，而改成這次把某部份寫完就好。若孩子成功完成，可以表揚一下他們的努力，讓他們覺得受到肯定，便會有動力繼續完成任務。

教孩子處理情緒

孩子的眼淚代表了他們心底中的負面情緒，尤其是2、3歲以下的幼兒，口語表達能力正在發展中，如果情緒需要表達不暢，對方又不理解時，就很容易出現哭鬧表現。家長可讓孩子明白有負面情緒時可以哭，但要協助孩子認識負面情緒，並鼓勵他們把需求或情緒用言語表達出來。父母也應該以身作則，在心情不好的時候，便說：「我現在覺得很生氣、很不開心！」等，讓幼兒可以仿效，以正確的方法表達出自己的負面情緒。隨着孩子的自我控制能力增加，應該漸漸就可以告別「小喊包」的稱號。

叛逆期子女
家長點處理?

專家顧問：梁翠迎/註冊社工

　　對今日的家長來說，管教子女並不容易，尤其是現今社會鼓吹個人主義，孩子容易變得我行我素。隨着子女升上小學後，亦逐漸踏入叛逆期，他們的叛逆行為也會越來越明顯，令家長大感煩惱。如何處理子女的叛逆期行為，實在很考驗家長的智慧和耐性。本文資深社工為大家解構這個問題，並提供處理方法。

孩子叛逆期 分3階段

嬰孩叛逆期（2~3歲）

這階段的小朋友剛剛學懂走路，學會說話，較明顯的行為是容易鬧情緒，例如會隨時哭哭啼啼，但轉過頭來又對父母開懷大笑，令人捉摸不定。

兒童叛逆期（6~8歲）

這階段的小朋友，自我意識開始抬頭，開始有自己的看法，想堅持得到自己想要的東西，例如當他們看中某件玩具，就一定要爭取到手，否則就會大吵大鬧。

青春叛逆期（12~18歲）

孩子在這個階段，思想開始變得獨立，有自己的主見，渴望擺脫成年人的監控，經常會產生挑戰權威的行為，令親子關係容易變得緊張。

情景1：對父母不瞅不睬

女兒升上小學後，對父母態度開始冷淡，就算問她問題，她總是裝作聽不到。晚膳後，父母吩咐她幫手執拾碗碟，她亦完全沒有理會，父母對她都沒有辦法。

專家分析：或面對新環境感壓力

孩子在升上小學後，面對學習環境的轉變，對新老師、新環境仍未產生歸屬感，初期可能感到不適應，甚至是不安；加上小學課程較以前幼稚園為深，小朋友應付起來比較吃力，當他們難以跟得上學習進度，又不懂表達當中的困難時，便會有這種表現。若孩子出現這種情況，家長應分析箇中原因，例如會否與學習壓力大有關，還是因為與同學相處出現問題，家長可鼓勵子女表達內心的感受，並從中作出關心。家長可安排不同的親子活

何謂「叛逆期」？

所謂「叛逆期」，是指小朋友在成長過程中，會產生一些反叛的行為和思想，有時往往會出乎意料之外，其目的是想告訴別人自己已經長大了，或想引起別人的注意。

動，例如與小朋友講故事，或與子女一起做簡單小手工等，有助減輕子女壓力。

情景2：經常駁父母嘴

媽媽吩咐女兒負責執拾自己書桌，但每次她總會反駁父母的要求，指這是她個人的事，父母無權理會。

專家分析：先控制情緒 並適度放手

隨着小朋友漸漸長大，對外界事情有更多認識，他們開始有自己的看法，會從自己角度看問題。若遇到子女駁嘴的情況，家長首要先控制自己的情緒，不要執着於字眼。其次家長亦要適度放手，讓子女自己處理事情。例如他們不執拾書包，家長就不應堅持要他們執，反而要讓他們明白，自己不執書包所需承受的後果，讓他們學習承擔責任。當然家長需衡量子女的情況，決定哪些事情要管，哪些事情需放手，最好事前與子女多溝通，建立共識，家長亦要確保自己能夠監管得到，讓子女有心理準備，了解自己沒完成事情所需付出的代價。

情景3：故意鬥氣做錯事

媽媽擔心女兒吃糖果太多會蛀牙，要求她不要買糖吃。女兒不但沒有照吩咐做，還越買越多，令媽媽很激氣。

專家分析：看法不同 未必是故意作對

家長遇上這種情況，需了解孩子是否故意與父母作對，還是小朋友自認沒有問題。有時家長會有自己的一套看法，但小朋友未必對此認同。就以吃糖果為例，家長不想子女吃太多，認為這樣做會引致蛀牙問題，但小朋友卻認為沒有問題。家長毋須與子女各執一詞，可因應子女的情況，引導孩子明白吃糖果與蛀牙的關係。若小朋友在這方面自制力較弱的話，家長可限制子女買糖，或考慮用其他食物代替糖果等。家長亦不要介意子女犯錯，並應明白任何人都有犯錯的時候，最重要是知道怎樣處理事情。

仔女叛逆 親子溝通最重要

面對子女的叛逆行為，家長或會感到很頭痛。針對這種情況，梁翠迎提醒家長應注意以下原則：

❶ 了解孩子性格

梁姑娘指出，任何小朋友都會經歷叛逆期，家長應先了解孩子在這段時間的心理變化、性格特質，以及行為，明白每個行為背後的原因，才能對症下藥。

❷ 建立良好關係

家長應明白要處理子女的叛逆行為，良好的親子關係是重要的前提。家長應在平日生活中與子女多溝通，增進彼此的了解，建立互信基礎。

❸ 調整管教方法

面對子女的叛逆行為，家長有時會很「勞氣」，家長需視乎子女的情況，採取適當的管教方法。家長應趁子女還年幼的時候，先用較嚴謹的方法約束其行為，然後再慢慢放手。

❹ 訂立明確規則

家長應在孩子年紀還小的時候，就與他們約法三章，訂明子女需遵守的規則，例如限制他們吃糖果的次數、規管上網的時間等。當然家長要確保自己能好好監管，否則孩子就不會認真地看待這些規則。

疫後幼兒
行為倒退點矯正？

專家顧問：葉偉麟/兒童行為情緒治療師

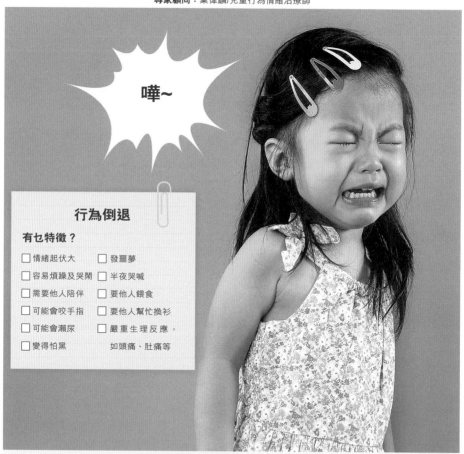

嘩~

行為倒退

有乜特徵？

- [ ] 情緒起伏大
- [ ] 容易煩躁及哭鬧
- [ ] 需要他人陪伴
- [ ] 可能會咬手指
- [ ] 可能會瀨尿
- [ ] 變得怕黑
- [ ] 發噩夢
- [ ] 半夜哭喊
- [ ] 要他人餵食
- [ ] 要他人幫忙換衫
- [ ] 嚴重生理反應，如頭痛、肚痛等

　　疫情下，部份幼兒可能出現行為倒退，包括害怕陌生人、社交能力下降及語言能力下降等，究竟為何會造成這種情況？面對這些情形，家長又該如何教育孩子呢？以下由兒童行為情緒治療師為我們詳細解答。

行為倒退是......

　　兒童行為情緒治療師葉偉麟表示，行為倒退是指孩子本來會的，或是正在進步的能力有所退化，例如語言能力。部份孩子更會不希望復課上學，因為他們害怕自己追不上進度。稍為敏感的孩子更可能會出現擔心抗疫用品不足的情況；對有自閉症或是特殊學習需要的孩子而言，更有可能不斷鑽牛角尖，停留在災難感之中。

為何會行為倒退？

　　葉偉麟表示幼兒有此情況出現，主因是許多習慣的突然改變。疫情之下，孩子面對長時間停課，令他們無法與自己的朋友見面，更無法外出玩樂，突然轉變容易對孩子的心理認知及情緒造成壓力和不安全感。疫情令生活增加了不少未知之素，由於疫情本身反反覆覆，令孩子的生活安排變得混亂。對年幼的孩子而言，他們需要有計劃的生活，不安感可能令他們變得容易煩躁，較難集中於學習上，也會更黏父母，因為他們希望自身的情緒得到紓緩。對年紀稍大的小學生及青少年而言，則會減少與父母的接觸，並更易產生衝突。復課以後，他們亦要重新適應環境，壓力問題加上不安全感，極可能再次影響他們的情緒。

改善秘訣：減低不安感

　　小朋友可能因為疫情而出現行為倒退，要改善這些行為，葉偉麟認為應給予孩子足夠的安全感，以下是3個改善行為倒退問題的小貼士：

小貼士1：調節自身情緒

　　家長自己要先提升抗疫力，以正面情緒面對疫情，只告訴孩子有公信力的資訊，以免孩子因誇大的資訊而感到恐懼。此外，家長要時刻觀察孩子的情緒變化，他們不安時，應先帶孩子到寧靜的環境，在他們說明情緒後，家長再以中立的描述，讓他們知道有人了解他們的感受。孩子也可以任務卡及故事書等，輔助表達感受。

小貼士2：給予具體方法

　　在孩子對疫情感到恐懼時，家長可給予他們具體的建議，例如一步步的教導他們洗手的步驟，讓他們明白自己也有能力應

付；在其成功時可加以稱讚，此舉可減低他們的不安。同時家長應強調一切只是暫時，以理性但易懂的方式，告訴孩子全世界的科學家都正在工作，包括展示相關報道的圖片等。

小貼士3：集中於正面行為

家長可以陪伴孩子多做喜歡的事情，讓他們的情緒集中於正面行為之上，及後不安的時間減少，孩子行為倒退的情況便會減少，不安及壓力亦可以釋放。另外，家長每天安排予孩子的工作切忌過多，工作的安排是為了增添生活樂趣，如若太多無法完成，將令孩子失去成功感，只有剛好的份量，才能讓他們自發去做。

重拾社交 語言技巧

在行為問題以外，孩子的社交及語言技巧亦可能在疫情期間出現倒退，如希望孩子可維持良好的社交及語言技巧，葉偉麟建議家長可跟孩子進行以下活動：

保持社交技巧

活動1：利用社交媒體溝通

做法：讓孩子保持與他人溝通，可以利用FaceTime、WhatsApp等。

重點：

❶ 需由家長幫忙營造可行的條件，借出電話並經常提醒孩子打電話給家人和朋友，讓他們留在家中，也可與親戚朋友保持溝通。

❷ 可以是家長與孩子單對單的溝通，透過布偶與孩子玩樂時問開放式題目，讓孩子説出心聲；或在孩子畫畫時模仿他們的行為，讓他們覺得別人有同樣的感受及能量時，會更樂意表達自己的想法。

訓練語言技巧

活動2：閱讀故事

做法：與孩子一同閱讀故事，可以是與疫情相關的。

重點：

❶ 在閱讀時，可選擇與疫情相關的讀物，並引導孩子説出對疫情下狀況的感受，也可提出開放式問題，例如「給你3個願望，你最希望做甚麼？」。

❷ 即使孩子無法以完整句子表達，家長可在提問時，慢慢引導他們説出完整答案需要的所有元素，並幫助他們串連成完整句子，此舉至少能讓他們嘗試表達自己的所想。

以色列

寶寶第一輛滑板車

3合1進階滑板車連背包
T-Scooter T1

3yrs+

24m+

15m+

- 乘坐模式，讓學步階段的寶寶使用
- T lock 系統，提供學習模式與自由擺動模式。
- 可愛小背包，存放隨身用品

- 閃光車輪，不需通電，由動力帶動發光。
- 彈簧制動器，輕易控制滑行速度
- 防滑手柄及伸縮手把

孩子難獨立
會變裙腳仔？

專家顧問：鄧淑貞/註冊社工

　　現時很多父母都是緊張大師，對孩子過份保護，令他們習慣依賴父母，如果不及時糾正過來，便有機會成為缺乏獨立思考、事事靠父母的「裙腳仔」。為了避免這個情況發生，家長實在有必要改變管教的態度，讓孩子可以成為一個獨立自主、負責任的人。

家長可以多肯定及讚賞孩子，讓他們勇於嘗試。

家長過份保護 造成依賴

　　父母疼愛孩子實在是無可厚非，但香港家庭福利會註冊社工鄧淑貞表示，現在有不少家長對孩子過於溺愛；加上有傭人和長輩照料，培養了很多「衣來伸手、飯來張口」的孩子，自我照顧能力不足，也欠缺解難能力和責任感。而且有部份家長比較缺乏耐性，當他們發現小朋友做不到的時候，便會立即幫他們完成，令孩子的依賴程度變得更強。

　　另外，香港是一個講求效率的社會，很多父母心中有一套成功的方程式，希望能夠套用在自己的孩子身上。家長都希望事情能夠在自己的控制範圍之內，孩子可按照着他們的要求來做，以達到他們心目中預期的結果，以致他們常常協助孩子下決定，會讓他們失去自己的想法，沒有獨立思考的能力，面對挑戰時可能感到難以適應。

孩子依賴成性 2大影響

　　小朋友從小處處被百般照顧，在成長過程中，沒有機會學習

照顧自己，又不會解決問題，有機會成為自理能力低、情緒智商低兼抗逆力低的「三低港孩」，影響深遠，後果不容忽視。鄧淑貞會為家長分析孩子變「裙腳仔」的2大影響：

❶ 適應力低

這類孩子生活過於安逸，甚少有機會鍛煉自理能力；到他們開始入學，開展群體生活時，有機會被同伴取笑，導致自信心、自我形象低落，會讓他們有挫敗感。而 由於一直以來，當有問題一出現就會有家人幫忙解決或替他們做決定，面對環境的轉變，適應上會出現困難。

❷ 出現社交困難

自小就得到家人遷就的孩子，一旦發生些微小事，大家就會特別着緊。孩子習慣了家人圍着他們轉，令他們只看到自己的需要，想說就說、想做就做。當他們與其他小朋友相處時，會擺出高高在上姿態，個性較自我和霸道，容易忽略他人的感受。如果在成長的過程中不加以改善，長遠來說會容易與人產生磨擦、受排擠、被孤立，影響人際關係。

4招培養獨立孩子

相信沒有家長希望自己的孩子成為沒有自己想法，不能照顧自己，凡事都要依靠父母的「裙腳仔」。但有時候，家長在日常管教中，可能會不自覺令孩子墮入這個陷阱之中。以下，鄧淑貞會教家長4招，從小培養孩子的獨立處事能力：

第1招：了解孩子能力

家長首先要調整心態，明白不同階段的孩子，會有不同的能力。以自理能力為例，家長千萬不能抱着「大個啲就會識」的心態，認為他們不懂得做或做得不好，就立即出手相助。家長可以按照孩子的成長進度，要求他們獨立地完成一些事情，例如是自行吃飯、穿衣服、上廁所、梳洗、收拾玩具等，以免他們嬌生慣養。

第2招：放手讓孩子嘗試

當孩子有動機去嘗試和處理事情，家長便應該讓孩子去做。年紀較小的孩子可以從鍛煉自理的過程中，學習面對挫折和解決困難，並有機會展現自己的能力，可增加他們的自信心。譬如就

讀幼稚園的孩子已經可以協助家長處理家務，在開始的時候，家長可從旁指導，並將任務分拆成不同的部份，耐心地鼓勵孩子一步步慢慢來。失敗是必經的階段，如吃飯吃到「天一半、地一半」、穿褲子會穿反了等，家長應讓孩子自己先行解決困難，有需要時才作出協助。透過重複的練習，幼兒逐漸會掌握到當中的技巧，成功獨自完成一件事情，能給予他們很大的滿足感。

第3招：從錯誤中學習

放手讓孩子嘗試和參與過程中，家長必定要允許孩子嘗試錯誤，吸取失敗經驗，從中學習到為自己主張，以及解決問題的能力，並為自己的選擇或行為的後果負起責任。即使結果並不是家長所預期的，孩子會透過反覆的嘗試及實踐，不斷累積經驗，處理事情的技巧也會慢慢地變得純熟，為將來的性格及心理發展建立良好基礎。

第4招：給予選擇空間

家長給予孩子較大的選擇空間，不要事事幫他們做決定，而是從小就訓練孩子做選擇，如穿甚麼衣服、選晚飯吃的飯菜等，讓他們從小習慣有自己的想法。透過不斷反覆訓練，孩子便能學會思考立場、判斷狀況，例如是孩子功課沒做好卻一直在看電視，父母就會一直在旁催促。家長可以嘗試讓他們自己安排時間表，結果可能未如理想。若孩子發現自己安排不當導致欠交功課，要承擔被老師責罰的後果，就會知道問題出在哪裏，學習作出正確的選擇。

反思管教方式

每個父母做的事情，都是一心為孩子好，但有時候父母事事干預，反而會妨礙孩子發展。所以父母應後退一步，不要害怕孩子撞板，或按照父母的一套既定模式來走，而是逐步給予孩子自由及權力，讓他們自己體驗失敗和成功，從經歷中成長，長大後可以成為一個獨立自主、願意承擔責任的人。

家長要明白孩子在不同的階段，會展現不同的能力。家長要放手讓孩子嘗試，如1歲半的孩子，已經可以學習自己進食。

怕事仔女
爸媽點拆解？

專家顧問：宋鳳儀/香港專業教育學院幼兒、長者及社會服務系講師

　　小朋友見到陌生人的時候會特別別扭，平時也抗拒嘗試新事物，甚至對一切事情都顯得十分「驚青」？專家說小朋友乜都驚，會對他們的社交和學習等長遠發展有所影響。本文幼兒專家分享一下提升內向、慢熱孩子自信的方法。

影響交際、學習

香港專業教育學院幼兒、長者及社會服務系講師宋鳳儀指小朋友若過份慢熱，對他們的社交而言，絕對有影響。例如他們鮮會主動認識朋友，對擴闊社交圈子有一定的難度。而見到長輩的時候，他們亦不會主動跟對方問好、寒暄，這也可能影響他們在長輩心中的印象。

另外，宋鳳儀認為小朋友的怕事性格會影響他們的學習進度。因為他們在求學階段，即使遇到疑惑亦不敢提問。由於小朋友的自我概念低，因此他們不會知道及難以接受別人對他們的影響。

點解乜都怕？

宋鳳儀表示，小朋友怕事主要受先天與後天的因素影響。每個人的性格都是獨特，同時亦是與生俱來的。有些人比較開朗、活潑；而另一些人則會比較內斂、含蓄。但是，宋鳳儀認為後天因素亦會影響小朋友日後的性格發展，特別是家長、照顧者的管教模式，會對孩子的後天性格亦會有影響。首先，若家長、照顧者經常給小朋友一些負面的評價，否定他們所做的一切事，絕對會讓小朋友失去信心，對自我價值存懷疑。其次便是家長、照顧者平日過於保護小朋友，事無大小也會替他們做，令小朋友失去處理事情的機會與空間，亦減少了他們與外界接觸的機會。宋鳳儀認為家長、照顧者以上兩種極端的管教模式，均會對孩子的性格發展有所影響。

仔女怕事 爸媽點做好？

具體而言，宋鳳儀認為繪本教學是一個好方法，可以提升小朋友的自信及自我認知能力。透過角色扮演的輕鬆過程，家長可

排行中間 特別怕事？

如果家有幾個孩子，是不是排行中間的孩子會特別怕事？宋鳳儀指並沒有研究證實過這種說法。但若家中只有一個孩子，家長很自然會集中精神在獨生子女身上。她認為現今家長普遍對於管教小朋友較有心得，若懷有第二個孩子開始，也會提醒自己不要把專注力過份集中在其中一個孩子身上。而她認為當今社會，擁有三個或以上孩子的家庭也屬少數。

家長的鼓勵可提升怕事小朋友的自信心

讓小朋友更加認識自己的情緒。但家長要記住繪本教學不是要強迫小朋友，重點在於親子同行。另外，宋鳳儀亦建議家長可多與小朋友在家中預演，讓他們對之後發生的事有一個心理準備，以減低恐懼感。

面對陌生事：幼稚園經常會有小朋友單獨上台表演的機會，家長也會特別興奮，喜歡替小朋友報名參與這類活動，但家長需尊重小朋友的意願。對於比較怕事和慢熱的小朋友，家長應先跟孩子在家中練習，讓他們了解演出程序。到孩子真正表現的時候，家長可先與他們一起上台，然後退到台邊位置，最後讓小朋友一個人在眾人面前表現。孩子在整個過程需要時間熱身，家長不宜操之過急，應該按部就班，每步也陪伴在小朋友身邊，讓他們的心更安定。

面對陌生人：家長可先跟孩子預告他們之後會遇到甚麼人，應該跟對方說甚麼說話，並與孩子預演一次真實情景，讓他們做好心理準備。宋鳳儀指家長也可透過故事中的角色扮演，預演一下他們之後見到陌生人的情況，例如與其他角色打招呼、問好，以故事形式將信息帶出，讓小朋友更容易接受。

PEAR提升自信心

　　到底怎樣才能提升怕事小朋友的自信心？宋鳳儀建議家長在管教小朋友時要記住──「PEAR」這個原則。

P for Patience：怕事的小朋友很多時因為害怕自己做錯事而卻步，故家長要給予耐性，包容他們的錯失，亦要按部就班，不能為見成效而過份催迫小朋友。

E for Encourge：家長要多鼓勵小朋友，讓他們建立對人及自己的自信心。

A for Appreciate：家長心思要敏感，要讚賞小朋友每次的進步。讚美要具體，讓小朋友明白自己的行為，例如說：「你這次主動跟老師揮手打招呼，做得很好！如果下次你主動跟老師說早晨就更好！」

R for Respect：不論是家長、老師也要尊重小朋友的不同特質。

怕事孩子 點提升面試表現？

　　小朋友報讀學前班（PN班）或幼稚園K1，均需要參加面試。到底家長應怎樣提升2至3歲幼兒在面試中的表現？宋鳳儀指家長可先與幼兒在家中，以角色扮演方法預演一次面試的情況，例如以輕鬆的語調跟他們說：「你之後會見到一個姐姐，姐姐到時候會問你的名字？也會跟你玩玩具等。你回答她和跟她玩就可以了！」家長需注意自己不要在小朋友面前顯得十分緊張，因為他們的面部表情及肢體動作，也會影響小朋友的神經。

孩子幾多歲最「驚青」？

　　宋鳳儀說由於小朋友天生擁有好奇心，他們很少會連玩樂都害怕。除非是小朋友曾經遇過不愉快的經歷，例如在小時候曾從玩樂設施掉過下來。就她觀察所見，最怕事、最怕生的小朋友多為3至4歲的幼稚園學生。但隨着小朋友年紀增長，孩子的豐富生活經驗加深了他們對環境的了解，他們對人與事的恐懼感就會隨之減低。當然，父母與照顧者同樣十分重要，他們若謹守「PEAR」這個管教原則，對小朋友的成長會有一定的幫助。

孩子爆粗
如何對付？

專家顧問：張韻儀/香港家長教育學會主席

　　孩子經常扭計已經十分難教，若果再加上他們懂得用粗口反駁，各位家長定必覺得相當激氣，繼而不知所措吧！相信沒有爸爸媽媽想看到孩子長大後滿嘴粗言穢語，本文專家為家長拆解孩子講粗口的原因，並提供一些應對方法，讓各位家長可以教出有禮貌的好孩子。

找出源頭 對症下藥

　　講粗口普遍被人認為是一種粗俗和沒禮貌的行為，更會被其他人視為「冇家教」的表現。面對孩子講粗口，家長定必會感到心急如焚，但香港家長教育學會主席張韻儀提醒各位家長，要找出孩子說粗口的原因，才能對症下藥。

好奇心強 有樣學樣

　　講粗口是一種不文明的行為，是缺乏教育的表現，小朋友會「亂講嘢」，其實是受到身邊的人和環境所影響。幼兒階段的小朋友，剛學懂說話，他們好奇心強，模仿本能特別強，偶爾聽見別人說一句粗口，並不知道這句話的意思，可能只是覺得語氣很搞笑，便不知不覺間學了起來。父母切忌覺得好玩而故意逗他們，否則孩子會誤以為粗口是一個社交工具。

朋輩影響 粗口成口頭禪

　　當孩子升上小學，認知能力增加，講粗口就不再是因為純粹的模仿，他們反而容易受朋輩所影響而染上此惡習。當他們看到其他同學講粗口時，小朋友會希望建立身份認同，盡快融入同學的圈子，所以也會講埋一份，把粗口掛在口邊。若家長發現此情況時，在找任何人「算帳」前，也可以先了解一下小朋友這樣做的背後原因，解釋這不是和別人「埋堆」的唯一方法，並與學校反映，共同尋找解決的方法，杜絕粗口繼續在孩子的朋友圈子和校園中蔓延。

3招對付爆粗孩子

　　如果家長真的聽到孩子說粗口，到底他們可以怎樣做呢？以下，張韻儀會繼續為家長提供3個方法，幫助孩子糾正講粗口的壞習慣。

第1招：嚴肅對待

　　因為很多年紀較小的孩子，他們其實未必真正了解粗口的含義，在他們眼中，粗口可能只是一些能吸引大人注意的句子。聽到孩子突然爆了一句粗口，家長或會感到晴天霹靂，這是很正常的反應。但家長可以不高興的臉色及嚴肅的語調來對待，然後心平氣和地跟孩子解釋這個行為是不恰當的，並不要急於責罵孩

當聽到孩子講粗口時，家長先要冷靜下來，並嚴肅地向孩子指出此乃不正確的行為。

子；反而應該幫助孩子明辨是非，減少這種行為，從而建立良好的行為規範。

第2招：教孩子設身處地

所謂「己所不欲，勿施於人」，家長要耐心地引導孩子明白說粗口對其他人所帶來的傷害。當孩子說粗口時，家長可告訴孩子這些粗口是罵人的說話，會令聽者感到不高興。張韻儀建議，家長可運用一些比喻，讓孩子具體地明白粗口傷害人的程度，如「你對人說這種話，就像是把他打至遍體鱗傷。」到孩子大一點時，家長更可嘗試坦白地告訴他們該粗口的意思，讓孩子更直接地明白被罵時的感受，從而令他們知道粗口是會傷害人的話，不能隨便說出來。

家長平時也要教育孩子以善良之心看待與他人的磨擦，讓他們知道人與人之間，隨時會發生不愉快的事情，應學會寬容他人的過失，不要為一些小事而生氣，同時更要注意不能用粗口來攻擊同學。這樣做可避免孩子「禍從口出」，同時也可培養他們的同理心。

第3招：教孩子處理情緒

有時候，小朋友「講粗口」只是為了發洩負面情緒，他們可能會習慣在不開心、生氣、壓力大，或激動時衝口而出，如被人觸犯時往往會用粗話來罵人。家長要引導孩子以正確的方法處理情緒，並教導孩子在每次想破口大罵前應先冷靜，想一想如何能文明、有禮地表達自己的意見。家長可以提問的方式，引導孩子思考粗口對解決事情是否有所幫助，讓他們明白說粗口不但不能解決事情，更會加深矛盾，令事情變得更難處理。張韻儀也建議家長透過教孩子更多的表達情緒的詞彙，讓他們以其他的字詞來代替粗口。

家長亦應協助孩子認識負面情緒，並鼓勵他們把情緒宣洩出來，否則小朋友將負面情緒累積在心中，終有一天會全部爆發出來。所以最理想的做法，是家長應該與子女共同探討負面情緒的來源，如孩子的學習壓力很大，這會否是父母對他們的期望過高，透過溝通尋求解決的方法，可避免他們以不當的方式去表達情緒。

保持家中零粗口

家長正正是孩子的一面鏡子。張韻儀提醒，家長的性格如何，其兒女的性格就是如何；家長的行為怎樣，他們的兒女也會擁有這種行為。所以為了預防勝於未然，除了聽到孩子說粗口後馬上指正外，一個零粗口的成長環境亦同樣重要。為人父母的一定要以身作則，在孩子面前要注意自己的言行，在日常生活上盡量避免讓孩子接觸到粗口，讓孩子能夠建立良好的行為。

加強品德教育

家長應從小培養孩子良好的行為和習慣，在日常生活中加強品德教育，例如利用繪本故事，讓孩子學習禮貌、尊重及守紀律等。另外，家長也應加強與孩子的溝通，與他們建立緊密的關係，成為孩子的同行者，有助指導孩子學習良好行為。萬一孩子出現不好的行為時，克服它還是要有一定的過程，家長需要有較多的耐心，多以鼓勵的方式，讓孩子通過努力改掉壞毛病。

做功課慢吞吞
提升效率有法

專家顧問：陳香君/資深註冊社工

　　每天放學後回家，小朋友和家長便要進入一個與功課搏鬥的戰場，小朋友做功課坐不定，一時去廁所，一時行來行去，要家長三催四請，幾個小時都做不完，家長和小朋友都心力交瘁。本文資深社工會教家長如何提升小朋友做功課的效率，告別拖延的壞習慣。

做功課坐唔定有原因

　　小朋友升上小學後，需應付大量功課，也要溫習默書、測驗和考試；若其專注力較弱，時常坐不定，做功課和溫習時難以專心，對於家長來說可算是相當頭痛。聖公會聖基道兒童院服務總監陳香君指出，家長可以找出孩子未能專心做功課的原因，如是否可能與家中環境有太多干擾有關；如長時間開着電視機或旁邊放滿玩具，容易吸引孩子的注意力，令他們分心；也有可能是孩子放學後比較疲累，令他們精神狀態不佳，或玩樂需求未得到滿足，專注力自然也會下降。另外，若家長過份介入孩子做功課的過程，會讓孩子覺得做功課不是自己的責任，更容易「懶懶閒」，不認真做功課。所以家長最重要的是找出背後的原因，才可以針對性地解決孩子做功課專注不足的問題。

時間管理 2個小貼士

　　小朋友缺乏時間觀念，令做功課時間越拖越長，家長可因應孩子的能力，與他們共同訂立合理的時間表，以避免將做功課變成一件沒完沒了的事情。陳香君提供2個時間管理的小貼士，協助家長和小朋友建立良好的做功課習慣，提升效率，如下：

❶ 適當時間分配

　　家長要跟孩子明言，做功課是他們的責任，然後因應孩子的能力，與他們共同訂立時間表，適當地分配做功課、休息和玩耍的時間。家長可讓孩子放學回家後，休息一會或玩耍15分鐘，才開始做功課，有助增加集中力。每完成一份功課後，可讓孩子先休息5分鐘，如讓他們喝水、走動一下再繼續，有助延長專注力。當功課完成後也要有休息和遊戲時間，讓他們得以放鬆。

❷ 在合理時間內完成功課

　　家長可估計孩子約需時多久才完成某份功課，例如要完成一張數學工作紙需時約20分鐘，家長可事先跟孩子協議，讓他們限時內完成。家長可使用計時器倒數，有助孩子在規定時間內完成任務，但如果孩子會因看到計時器而感到緊張，這個方法便不太適合。如果家長看見孩子只顧發白日夢，導致在指定的時間內沒有完成功課，家長可考慮沒收功課，讓孩子需要自己面對沒有功課交的後果，讓他們學習抓緊時間完成功課。

家長可以多欣賞孩子在做功課過程中所付出的努力，有助提升他們的自信心。

提升做功課動機 4大竅門

　　除了在時間管理上入手外，陳香君會教各位家長以下4個方法，能增加小朋友做功課的動機，令做功課變成一件容易一點的事情：

❶ 先處理簡單功課

　　做功課時可採取「捨難取易」的策略，做較簡單、有信心的功課，讓孩子較易取得滿足感。當遇上不懂或艱深的功課，可以先記下來，直至完成其他功課後，再詢問家長。小朋友年紀小，可能會較依賴家長陪伴做功課，但隨着他們成長，小朋友應該要學會面對難題。當孩子遇到功課上的難題時，可能會「鑽牛角尖」，花很長的時間在一條題目上。家長可以從旁給予適當提示，協助他們理解題目，引導他們自己思考問題的答案，學會自己解決困難。

❷ 建立良好工作環境

　　環境設置對孩子的專注力有很大影響，家長要幫小朋友，盡量減少環境的干擾，移開讓孩子容易分心的誘惑，例如電子產

品、玩具、不必要的擺設等。家長可為孩子提供學習時專用的書桌，並保持桌面整潔，桌上應該只有當下要用的物品，如文具、課本、作業簿等，並把功課逐樣做好，令孩子保持專注。

❸ 給予明確目標

家長可以給予孩子預告，告知當天需要完成的功課，讓孩子有明確的目標，知道自己要在限定的時間內完成。孩子只要完成特定數量的功課後，就可以休息或玩耍，有助他們養成做事專心的習慣，增加做功課的動力。陳香君亦提醒家長不要在孩子完成學校功課後，給予他們額外的補充練習，以免孩子面對沒完沒了的習作而感到崩潰。

❹ 正面鼓勵

適當的讚賞或獎勵，對於提升孩子做功課的動機很有幫助，家長可以描述性地讚賞孩子做得好的地方，例如是「你的字寫得很漂亮呢」，以建立他們的自信心，鼓勵他們克服困難，推動他們不斷進步。如孩子能夠在指定時間內完成功課，家長也可以給予孩子獎勵，如多讓他們15分鐘玩耍的時間，或送他們一份小禮物，會有激勵作用。

專家寄語：不要追求完美

陳香君指出，現在很多家長對孩子的功課都很緊張，希望他們做得妥妥當當，成績維持在一定的水平；尤其有很多完美型父母，對子女要求太高，在做功課的過程中，孩子稍有做錯便馬上出聲，要求孩子立即改正，其實會給孩子帶來很大壓力，長遠會削弱他們的學習動機，更有機會令他們不能接受挫敗。她建議家長要站於孩子的角度，對孩子的期望要合理，而且要學會放手，減少因做功課而出現的磨擦。

為孩子建立整潔的工作環境，可以提升他們做功課的效率。

包拗頸仔女
父母頭都大

專家顧問：何沛怡/註冊社工

　　媽媽懷胎十月誕下孩子，過程有苦也有樂。當父母看着子女慢慢長大，從最初那個愛黏着自己、乖巧聽話的孩子漸漸長大時，出現各種不同的行為，甚至和自己頂嘴，會令家長大受打擊。為何孩子總愛跟自己鬥氣？資深社工為各位家長分析箇中原因，並提供解決辦法。

一出世已識鬥氣？

　　當家長意識到孩子愛鬥氣時，通常是孩子已學會說話、對事情有自己的想法，而不肯聽從父母意見的時候。但資深社工何沛怡指出，其實孩子在嬰幼兒時期已懂得「鬥氣」，例如家長餵奶時孩子不肯喝、餵糊仔時不肯吃、做錯事受到管教時會大哭、不理睬父母等；但由於孩子年紀太小，還未懂得說話，故他們便透過某些行為表達，不是以語言與父母有直接的衝突，所以父母通常不察覺。當孩子有一定的言語表達能力，懂得向父母說「不」時，父母就覺得一直聽從自己的孩子忽然會頂嘴，因而感到難受、激心。

表達方式未夠圓滑

　　值得一提的是，孩子所謂的「鬥氣」，未必如父母所想像般，是他們要故意惹怒自己，令父母不開心。何姑娘解釋道，嬰兒自出生後時刻也在學習「如何獨立生活」，他們透過接觸、觀察和學習，在成長中慢慢掌握獨立思考的能力。但由於嬰幼兒時期，他們相對聽話、肯順從父母的話而行；當幼兒慢慢長大、進入學校，從老師或其他人身上學到更多知識，有自己的認知、明白社會規範時，孩子便會按自己的需要而建立一套屬於自己的價值觀，不再是從前那個單純地跟從指令的幼兒。

　　那時候，孩子懂得為自己做選擇，當大人要求他們做某事時，孩子不喜歡的話會說「我不要！」，或是懂得問「點解？」、「你講嘅係咪真？」、「係咪一定要咁樣做？」站在父母角度，會覺得孩子在挑戰自己、質疑自己的可信性。但需留意的是，孩子雖有自己的看法，卻會因為表達能力還未發展成熟，說話方式不像大人般圓滑，且還未意識到要顧及他人的感受，所

接納孩子的情緒

　　孩子會與父母頂嘴、發脾氣，另一個原因通常是他們有情緒，卻找不到合宜的方式來表達，於是便用發脾氣的方式，其原意並非「為鬥而鬥」，故意令父母不開心。何姑娘建議，家長不妨從「孩子懂得表達自己的情緒」的角度出發，接納孩子的情緒，待他們冷靜下來後，再與他們討論合宜的表達方法，讓頂嘴化解為教導孩子恰當表達情緒的時機。

家長宜耐心聆聽孩子的意見，有助化解鬥氣衝突。

以說話方式會令大人感覺不好受。何姑娘建議家長別太介懷，宜給予多些彈性讓孩子表達自己。

讓家庭成為安全區

雖然家庭成員之間起衝突是難以避免，但隨着子女成長，與父母的相處會有較多地方需要磨合。何姑娘指出，孩子心中所渴望的家，通常是父母可成為依靠，當自己有困難時能從旁支持自己，回家等如回到安全區，令孩子感到安心。若家庭成員時常鬥氣，孩子犯錯後，父母只以責罵方式回應，彼此之間的關係長期處於緊張狀態，那孩子遇上困難時，通常不會向父母傾訴，「有些個案是孩子犯錯後，除非被父母發現，孩子才會說出口，但因為父母是最遲才知道事件的人，他們會因為更生氣而罵得更厲害，形成惡性循環。」

另外，家庭關係不好的孩子，會傾向轉移至對外尋求，在外結識朋友。何姑娘表示，孩子雖有獨立的思考能力，但其價值觀、分辨對錯能力仍處於建立階段，若他們不從父母身上學習，自然會從其他人身上學，這是身為父母均不希望發生的事情。故此，有時候即使是孩子存心鬥氣，家長亦宜透過不同方法化解，避免令親子關係惡化。

父母不能在孩子面前哭？

在親子相處中，父母難免遇到被孩子激至想哭的時候，有些家長會認為在孩子面前落淚，有損自己的權威，甚至會有輸了的感覺。何姑娘表示，親子關係不是一場戰爭，當中不應存在輸贏，家長若因難受而哭，對孩子而言也是寶貴的教育。若家長希望能在孩子面前控制自己的情緒，何姑娘表示，家長可在呼吸變急、心跳加速時，向孩子提出「我現在的心不太舒服，想哨一哨，你也哨一哨吧！我們一會再傾。」期間家長可暫時離開，穩定情緒後，再向孩子解釋自己的心情，讓孩子明白父母的感受，避免最終落得鬥氣吵架的後果。

3招處理鬥氣孩

第1招：幽默回應

孩子在年紀尚幼時，較少會刻意惹怒父母；但當他們慢慢長大後，難免會有故意鬥氣的時候。此時，何姑娘建議父母可以幽默的回應，化解孩子的行動。例如當被孩子反駁自己的意見或觀點後，家長可把此當作訓練孩子口才的時間，讓他們流利地表達自己的想法，而不是挑戰自己的權威。家長可笑着向孩子説：「我知道你很精靈、口齒伶俐，亦想告訴我你的意見，但你不妨再組織一下希望表達的內容，讓我能更加明白。」當家長的態度平和，孩子就能較容易表達自己的意見，即使孩子存心鬥氣，當下也能化解緊張的狀態。

第2招：以身作則

父母若希望孩子能聆聽自己的意見，而非一溝通就鬥氣，何姑娘認為父母也要做好聆聽者的角色，成為孩子的榜樣。例如夫妻相處之間，要以冷靜和專注的態度，聆聽及接納對方的意見和感受。孩子看到父母的相處方式，過程中會潛移默化，不論是理性討論抑或互相吵架，孩子也看在眼內及明白事件狀況，故大人應以身作則，以行動告訴孩子。

第3招：給予孩子選擇權

孩子若知道父母會尊重自己的意見，能給予空間表達自己的想法時，他們會較少使用鬥氣、頂嘴的方式對抗父母。何姑娘表示，除非事件屬於大是大非的情況，例如偷竊、打人等行為，在其他事件上，親子間彼此可以某個大原則為前提，與孩子討論處理方法，讓孩子有選擇做或不做、怎樣做的空間。

仔女機不離手

點搞好？

專家顧問：陳家裕/升學及擇業輔導老師

　　在新世代，智能產品無疑為人類的生活帶來極大的方便。拿着手機、平板電腦，即使足不出戶，也能盡知天下事。可是智能產品容易令人沉迷，小朋友「機不離手」的問題更是日益嚴重，不少父母為此擔心不已。各位爹哋、媽咪毋須太多擔心，不如聽聽專家如何解決這個問題。

小朋友機不離手3大成因

❶ 父母自身也是「機不離手」

　　小孩最愛模仿，當爸爸媽媽也是「低頭族」，時刻低頭看牢屏幕上層出不窮的資訊、追看平板電腦上預先下載的連續劇，或者與親朋好友絡繹不絕以短訊聊天。他們自然會對父母這個愛不釋手的「玩具」產生好奇，拿上手後自自然然有樣學樣，成為一個「低頭族」的小小族人，家長實在難辭其咎。

❷ 消遣工具

　　陳家裕老師提到新一代的小孩，多是獨生子女，因此他們欠缺一個陪伴成長的夥伴；而且他們也沒有特別的喜好，終日百無聊賴，容易依賴消遣工具打發時間。以往小朋友多喜愛電腦的線上遊戲或者軟件程式。近年，由於智能產品普及，智能手機儼如一部微型電腦，既輕巧又多元化。各式各樣的Apps自然成為他們的娛樂工具。智能手機由於輕巧、方便隨身攜帶，因此較之於電腦更易令小朋友上癮。

❸ 人有我有心態

　　來自朋輩的影響力，同樣是不容忽視的。當小朋友看到身邊的同學抑或朋友都手執一個最新型號的智能手機，友儕之間的話題都是在討論某個遊戲App，小朋友自然希望得到一部智能手機，以融入同輩的圈子。

機不離手有乜影響？

　　陳老師指出，長時間使用智能產品，容易令小朋友上癮，不但形成一種沒有電話就不行的心理，更會引起以下4大問題：

❶ 親子關係惡化

　　當父母看到子女終日埋首手機，不免感到生氣而斥責子女，並會想沒收他們的手機，以解決問題。子女自然不肯交出手機，多會「發脾氣」 或者「扭計」，雙方的爭執便不斷。「機不離手」的衝突，無疑破壞了和諧的親子關係。

❷ 忽略學業

　　「機不離手」令小朋友的作息時間表顛倒，他們的專注力全部投放在虛擬世界，失去了時間去溫習和做家課。有些小朋友即

使在考試期間依舊「機不離手」，令學習成績一落千丈。

❸ 缺乏正常社交

過份投入智能產品呈現的虛構世界，會令小朋友欠缺正常的社交，失去與其他人親身接觸的機會。長時間利用短訊與朋友聯絡，更會令他們的表達與溝通能力都減弱。

❹ 危害生理健康

長時間看着屏幕，強光直射眼睛會令視力受損。另外當小朋友坐姿不良，每天低着頭把玩手機，時間一久便會導致有頸椎病的危機。除此之外，孩子的手指靈活性亦會因長期接觸熒光幕而降低，食指與中指兩隻手指最為容易勞損。

3招拆解機不離手

要拆解小朋友「機不離手」 的問題，家長的角色十分重要，以下是陳老師提醒家長可以留意的3個地方：

❶ 設立使用規則

小朋友的自控能力不高，因此家長可以擔任一個監管的角色，為小朋友訂立一些使用規則以規限他們。例如每天可以玩手機半個小時，一旦超時就要減去第二天的使用時間，以作補償。如果連續幾天都超時，便需受到暫停使用一天的懲罰。陳老師建議家長為小朋友準備一個計時器，以培養他們的時間觀念。

❷ 全面了解智能產品用途

不少家長為了「機不離手」問題而經常與子女發生衝突，從而破壞了親子關係。有些家長會在一怒之下，就否定了智能產品的其他可取之處。其實家長可以參與一些工作坊與講座，全面了解智能產品的實用性與用途。只要用在正途，其實不少Apps和應用程式對語言學習、學術方面都有正面幫助。

❸ 父母以身作則

家長是子女的模仿對象，家長的一舉一動會直接影響到小朋友的行為，因此若不想子女成為「機不離手」的「低頭族」族人。家長就應該以身作則，不可以隨時隨地都拿着手機，要成為子女的一個好榜樣。

來自朋輩的影響力，同樣是不容忽視的。

幾多歲才適合接觸智能產品？

　　陳老師認為幼稚園或以下的小朋友，並無接觸智能產品的必要。小朋友在公眾場合「扭計」的情況實屬常見，很多時候家長為了盡快息事寧人，就會掏出智能手機給子女玩以分散他們的注意力。

　　其實家長應盡量避免讓他們過早接觸智能產品，因為智能產品呈現的只是一個虛構世界，幼兒更應該接觸的是一個實在的世界。當他們「扭計」之時，家長應該多與他們溝通了解子女的需要。畢竟手機不是建立親子關係的正常渠道，健康親子關係應透過家庭活動建立。當小朋友升讀小學後，年齡與心智亦相對成熟。家長便可以開始讓他們了解關於智能產品的應用資訊，並告訴他們一些手機的陷阱及危險，讓他們清楚手機的利與弊。

仔女唔肯瞓
有乜計？

專家顧問：陸月惠/註冊社工、梁慧思/註冊營養師

　　俗語有云：早睡早起身體好！但小朋友天性愛玩，且有用不完的戰鬥力，有時在家裏拿着心愛玩具，或是看電視、打game，一不留神就到了睡覺時間。此時即使父母用盡萬千方法，催促他們快快睡覺，卻也未必能成功，令人頭痛不已。為解決孩子晚睡的壞習慣，我們請來專業社工破解日常生活中，容易令孩子遲睡的陷阱，並請來註冊營養師推介有助孩子入睡的食物。

晚睡寶寶6大成因

❶ 父母遲歸

　　香港的城市節奏急促，不少家長也是雙職父母，日間忙於工作，下班後回家已是八、九時。專業社工陸月惠表示，這情況迫使家長把晚餐、休息等時間往後推，從而令孩子的休息時間也往後延遲。另一方面，小朋友與父母分開了一整天，看見他們歸家後，總希望能一起做些親子活動，如玩耍、聊天、講故事等，即使父母要他們早點睡覺，他們也會黏着父母拖拖拉拉，有時候即使累得眼睛也快睜不開，小朋友還是捨不得與父母分離。

❷ 應付學業

　　除了父母要應付工作外，現今的孩子亦無可避免地需要花許多時間來處理學業。有時候功課量多，又或是到了考試測驗的旺季，他們要忙於溫習，便會延遲睡覺的時間，從而導致晚睡。

❸ 午睡時間過長

　　有些小朋友日間有午睡習慣，若午睡時間太長，又或是與晚上睡覺時間太接近，到了入睡時，孩子自然沒有睡意，即使很晚仍會十分精神。所以陸姑娘建議，父母為小朋友安排午睡時，時間不宜太長，一般以1至2小時為佳。另外，如果有些孩子不願睡午覺，父母只要確保他們整體睡眠時間充足，而且日間有精神應付，便可不需強制孩子午睡。

❹ 睡前情緒高漲

　　不少家長在孩子睡覺前會和他們玩遊戲、説故事等，以增進親子關係。陸姑娘表示此乃十分有益的活動，但有些家長會與孩子玩刺激的遊戲如扔枕頭，又或是説一些刺激的故事、看精采的短片，令孩子情緒高漲，處於緊張興奮的狀態。有些家長在説故事時，因為故事太長而把後續留待翌日再説，亦會令孩子「心掛掛」；或是孩子聽完一個故事後意猶未盡，要求家長再説，家長便答應他們。以上數個睡前活動均會影響孩子情緒，延遲他們的入睡時間。此外，有些父母在孩子睡覺時會陪睡，但若果當時父母不專心，躺在他們身邊卻同時做其他事情，亦會令孩子較難入睡。

功課過多亦會令孩子變得晚睡。

❺ 吃得太飽或肚子太餓

　　若小朋友的晚餐吃得太飽，又或是吃了消夜，胃部的壓迫感會令孩子較難入睡。另外，進食一些刺激性食物如雪糕、汽水等，同樣會影響孩子的睡意。而睡前喝過多的水，會令孩子夜間如廁次數較多，影響睡眠質素。此外，若家庭的晚餐時間較早，令孩子上床睡覺時感肚餓的話，也會令他們較難入睡。

❻ 缺乏安全感

　　另一類較少數，但亦屬於孩子晚睡的成因之一，是他們缺乏安全感。陸姑娘表示，有些小朋友害怕獨自睡覺，原因可能是他們曾有過發噩夢的經歷，小朋友的認知能力不及大人，可怕的夢境對他們造成恐懼的心理，有時會分不清現實與夢境，影響睡覺；又或是父母的關係不好，例如曾在孩子面前大吵、離家出走等，對孩子造成驚嚇，擔心入睡後醒來會失去父親或者母親，故會抗拒睡覺。

3大晚睡影響

❶ 健康方面

　　對小朋友健康而言，註冊營養師梁慧思表示，晚睡所帶來的間接影響頗大。小朋友遲入睡，自然會遲起床，若他們要上學的話，梳洗換校服等程序不可能省去，在此趕急的情況下，家長通常會省去孩子的早餐時間。如果沒有營養均衡而豐富的早餐，對小朋友的整體健康將有所影響，例如他們會沒精神應付日間的作業，上課難以專注，且身體的抵抗力會較差，在外接觸細菌後容易生病。根據她的觀察，晚睡的孩子通常容易扭計、多病、偏瘦或偏胖，故不規律的作息時間日復一日，會為孩子的健康帶來惡性循環。

❷ 情緒方面

　　不論孩子抑或成人，充足的睡眠時間是非常重要。陸姑娘指出，若小朋友經常晚睡，他們與父母的衝突會較多，因父母要求孩子睡覺，而孩子卻不聽從時，會增加親子間的磨擦，影響關係。另外，由於孩子晚睡而導致睡眠時間不足，翌日感到疲倦，他們的脾氣會較暴躁、精神萎靡，嚴重者會不願起床、上學遲到、不願意積極參加活動、容易打盹，若被老師看見，除了會受到責罵，令他們的自尊有所挫敗，亦容易受到身邊同學的取笑，影響社交。

❸ 成長方面

　　晚睡除了影響小朋友的情緒及健康外，亦不利於他們的成長。陸姑娘指出，晚睡反映了小朋友的自律性較低。有些小朋友晚睡，是因為他們有事事拖延的習慣，例如原本是8時前做完功課，但他們卻拖拖拉拉，至10時或11時才開始做；或是把做功課的時間拉長，最後耽誤了睡覺時間，父母看見他們邊打盹邊做功課，通常會於心不忍，叫他們把功課放在一旁先去睡覺，孩子嘗到好處，自然會造成惡性循環，令他們的自律性越來越低。

3招養成早睡習慣

第1招：靜態活動

　　吃過晚飯後，陸姑娘建議家長宜讓孩子做些安靜的活動或遊戲，例如聊天、睡前講內容輕鬆的短篇故事、繪本等；不宜讓孩

睡覺前不宜讓孩子觀看刺激的短片，以免令他們處於興奮狀態。

子看刺激的電視節目、玩有輸贏成份或是需動腦筋的遊戲，導致他們情緒高漲；亦別因小事而打罵孩子，影響夜間睡眠。

第2招：營造睡眠氣氛

要讓孩子準備入睡，家長應在孩子睡前1小時起，開始營造睡眠氣氛。若孩子於9時睡覺，家長宜於8時開始提醒他們做好準備工作，如換睡衣、刷牙等，讓孩子知道「該是時間睡覺了」。大概半小時後，家長可與孩子上床休息，以大概30分鐘的靜態活動，幫助孩子入睡；或將燈光調暗，不要在孩子睡覺時，發出吵鬧聲妨礙他們睡覺，盡量保持環境安靜。

第3招：身體按摩

若果容易晚睡的孩子是處於幼兒階段，陸姑娘建議家長可替他們以潤膚油按摩，如背部、手腳等肌肉，讓孩子逐漸紓緩和放鬆精神，可以變得早睡。透過親子身體接觸，除了能令孩子放鬆之外，亦能提升親子關係。

邊類食物能幫助入睡？

要讓孩子早點入睡，首要當然是建立有規律的生活日程，讓小朋友養成良好的作息習慣。在飲食方面，營養師梁慧思建議家長讓孩子吸收含有色胺酸（Tryptophan）的食物，例如有豐富蛋白質的魚類、肉類、奶類製品等。色胺酸屬於必須的氨基酸，它能轉化為菸鹼酸（Niacin，維他命B3），在體內產生血清素（Serotoinin），讓人放鬆和引發睡意。故讓孩子在睡前喝1杯牛奶以助入睡，不失為簡單而快捷的方法。

EUGENE baby.COM 荷花網店

一網購盡母嬰環球好物!

mall.eugenebaby.com

免費送貨服務*
亦可選門市自取貨品#

免費 登記成為網店會員
專享每月折扣,兼賺積分回贈!

優質 環球熱賣母嬰產品
性價比高,信譽保證,安全可靠!

即刻入嚟睇睇

BUY

*消費滿指定金額,即可享全單免運費
#所有訂單均可免費門市自取

三催四請
6大拆解法

專家顧問：陳香君/資深註冊社工

快啲啦！

　　「動作快啲啦！你又要遲到喇！」、「叫你早啲瞓又唔聽，每日都要咁樣趕趕趕！」這幾乎是每天早上，都會在家長口中出現的「晨訓」，不僅大人喊得緊張又生氣，孩子更是聽得厭煩和無力，耳朵都快長繭。可是家中孩子偏偏是個慢郎中，做任何事老是要三催四請。究竟孩子做事慢吞吞有甚麼原因？

Case 1：反叛心態

孩子擁有反叛心態可分為兩種，第一種較為少見，部份小朋友會對於指令式的説話，有潛意識的反叛；第二類則較常見，孩子的反叛心態源自於親子關係出現了問題，小朋友希望透過反叛行為去操縱父母，擁有「我唔做，你奈我唔何」的想法。

拆解方法：孩子的叛逆，對很多家長來説，是個艱難的問題。對於第一種反叛心態，陳香君建議家長宜與孩子一同商討和計劃時間表，共同建立穩定的生活時序，避免刺激起孩子潛意識的反叛心態。而第二種的反叛心態，家長可與小朋友多聊天，了解他們的想法、需要或不滿的原因是甚麼。因為當父母能夠理解孩子時，除可使親子關係轉好之外，更可讓孩子多與父母分享喜與哀，舒解內心的心情和想法。

Case 2：做事欠缺動力

在日常生活中，很多家長會抱怨孩子欠缺學習動機，家長均希望能掌握到某些方法，可令孩子更積極地學習。而欠缺動力的小朋友常充斥着惰性，人總是懶洋洋的，不愛動，有時更會是一些體形較為肥胖的小朋友。而這類小朋友較喜歡一些外在刺激，例如看電視、打遊戲機等，這類只需靜坐着，享受帶來視覺上衝擊的活動。

拆解方法：有時候，一些「熱身」活動能夠幫助孩子集中精神，陳香君建議家長宜加強小朋友的身體動力反應，首先應加強他們的營養補給。陳香君表示，現時小朋友都偏愛吃小食多於正餐，以致吸收的營養不足，當能量不足更容易令小朋友氣力不足，缺乏動力做事。另外，家長亦可多讓孩子做運動，特別是進行跑步和拉筋運動，除了能活動他們的身體機能之外，更可增加本體感覺，使關節與關節之間的反應增加。這種做法恍若能啟動孩子身體的開關掣，添加動力，讓他們之後做事時更專注，效果較佳。

Case 3：專注力不足

如果家長發現孩子做事慢吞吞，常常需要三催四請，或是叫也叫不動，有可能是因為他們患有專注力不足。這類小朋友不是故意要做事慢，而是因為他們很容易會受外在環境因素影

響，被其他事物吸引着，無法自我控制去集中精神，專注地完成一件事情。

　　拆解方法：提升小朋友的專注力並非一蹴可就，面對小朋友專注力不足，家長除了需要保持耐性去管教之外，陳香君建議家長可為孩子加強專注力的訓練，例如玩一些畫迷宮、找不同、穿珠子、馬拉松接句子、拋接球或分紅綠豆等遊戲，鍛煉他們的專注力，並不斷密集地重複進行，刺激他們的腦部細胞，讓意志得以強化。另外，家長亦可教導小朋友，工作目標是甚麼？他們的責任是甚麼？並與他們一起訂立目標，增加孩子的動力去完成不同事情。

Case 4：自控力弱

　　自制力是一個人為執行某種任務，而需要控制自己的情緒、約束自己言行的能力，又可稱為意志力。自控力弱的小朋友其實是清楚知道自己的責任是甚麼，知道有些事是自己不該做，卻還是堅持要做。不僅如此，他們還常常會為一點小事而大發脾氣，挑三揀四，大吵大鬧；或是選擇性地聆聽和裝作聽不到，孩子有此表現是因為他們只想完成自己手上所做的事，或自己所喜歡的。

　　拆解方法：孩子自制力的強弱並不是與生俱來的，而是在後天的教育和引導中，逐步培養和鍛煉出來。所以，家長想培養孩子的自制力，需注意對孩子進行增強自制力的訓練。陳香君建議家長可利用故事治療法，利用一些偉人故事，讓小朋友對故事主角產生仰慕的感情，進而模仿他們的行為。另外，家長亦可利用或創作一些處境故事，讓孩子能從中了解在甚麼情景下該怎樣處理，或是若不完成該事情，會帶來甚麼後果。而處境故事治療法，尤其對幼稚園和初小學生最為有效。

Case 5：管教問題

　　孩子做事慢，需要父母不斷催促，有時候問題並不在孩子身上，而是家長的管教出現了問題。若家長平時的管教模式，只根據自身當下的心情來管教孩子，那麼對於孩子來說，管教沒有一致性，使他們並不清晰父母的期望，最後只好選擇自己最喜歡的事來完成。

　　拆解方法：家長需反思自己的管教是否有一致性的行為標準，因為對孩子來說，有一致性的行為標準能夠讓他們有可依循的準則，能清晰地知道父母的期望，建立自我的行為標準。或許家長會覺得有時管教孩子，難以用單一方法去處理，陳香君表示管教是可以有彈性的，但家長卻要為孩子解釋，為甚麼爸媽會有如此的做法，讓小朋友更易明白背後的原因。當然有時候孩子或會無法跟從父母的意思來完成，家長亦應給予機會，循序漸進地教養孩子。

Case 6：沒有時間觀念

　　幼兒幾乎都是活在「當下」的，對於時間流逝沒甚麼感覺，

他們的言談中也很少提到過去或未來所發生的事。因為沒有時間觀念，小朋友從未想過自己要做甚麼，他們對時間的知覺，就好像小動物一樣，主要依靠本身的「生物時鐘」來提供時間的信息，覺得累了便睡、覺得肚子餓便吃東西，從沒有計劃過自己的生活，因此便出現三催四請的情況。

拆解方法：最能反映小朋友沒有時間觀念和拖拖拉拉的情況，最常是在做功課的時候出現。為免情況日益嚴重，陳香君建議家長需在日常生活中，為孩子設定事情所需完成的時間，例如要孩子在15分鐘內吃完早餐，在訓練初時，家長需定時提醒孩子，為他們建立時間觀念。另外，家長需為孩子建立有規律的生活習慣，給他們制訂一個作息時間表。這樣他們便可以知道和習慣每天的流程，懂得按部就班，從而加強時間觀念。相反，如果家長本身的生活沒有規律，孩子在認識時間和遵守時間方面，便會無所適從。

如何令小朋友自動自覺？

不論大人或小朋友，或多或少都有拖延的毛病，但是經常拖拖拉拉也不是辦法，若爸媽發現孩子有拖延的習慣，可先講明做事拖拉會有甚麼影響，並幫孩子做好時間規劃，例如規定他們在1個小時內要做好多少事情，切記管教要求要有一致性。另外，當孩子能達到某些要求，家長便應給予獎勵和讚賞，陳香君表示獎勵可以用父母陪伴玩耍代替物質，因為對孩子來說，父母陪伴會有較大的吸引力，能幫助他們養成定時完成任務的習慣，更能促進親子關係。

家長需反思

若小朋友的拖拉情況沒有好轉，家長或許也需反思一下，到底孩子是有拖延的習慣，還是自己的要求過高？因每個小朋友在不同階段，能夠做到的事情也有所不同，有時候家長所要求的，或是孩子在該年齡是無法做得到，那麼家長便應降低要求。另外，有些父母或會覺得別人的孩子與自己的一樣大，為甚麼別人做到，但自己的孩子卻不可以。陳香君表示每個小朋友都有屬於他們的成長步伐，只要他們能做到的，不低於該年歲該可完成的便可以了。

以色列

taf toys

EASIER PARENTING

原始森林系列 SAVANNAH ADVENTURE

與寶寶探索大自然
Exploring the Nature Together

玩偶掛飾系列
SOFT RATTLE TOY

0m+

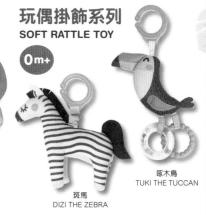

獅子
HARRY THE LION

斑馬
DIZI THE ZEBRA

啄木鳥
TUKI THE TUCCAN

布圖書連牙膠
TUMMY-TIME BOOK

0m+

層層叠
SOCK & STACK

12m+

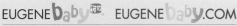

開學有焦慮
點算好？

專家顧問：陳曉中/輔導心理學家

　　經過一個漫長又輕鬆的暑假，學生要收拾心情重返校園。小朋友要重新適應上學的作息時間、新的校園環境或新同學，亦可能要應付沉重的功課壓力。特別是首次上學的小朋友，或需轉換新環境的小一學生，家長也要特別留意，他們會否患上開學焦慮症。

源於對轉變的恐懼

開學焦慮源於家長和小朋友對開學的擔憂及恐懼，特別是K1、小一及中一的學生。因為他們將要面對全新的學習環境、老師和同學，眼前有太多不確定因素，如幼稚園學生，他們可能擔憂將要和父母分離，對分離產生焦慮；中、小學生則要面對學習模式的轉變，由以往小組活動教學，轉為要大班聽老師授課的傳統教學模式，或面對突然倍增的功課量和默書、測驗等，都會令孩子的自我控制感下降，容易出現焦慮情緒。

受家長情緒影響

輔導心理學家陳曉中表示，許多時候，小朋友出現開學焦慮的問題，某程度上是受到家長情緒的影響，特別是年幼的小朋友。當家長過份着緊子女對新環境的適應或學業表現時，即使沒有用言語直接表達，他們亦往往不自覺地在行為或語氣或表情上流露出緊張和焦慮。而小朋友容易把這些焦慮的情緒，將其變成自己的感受，結果產生無形壓力。

影響整個家庭

無論是家長或是小朋友，這種焦慮的情緒，若未能獲得家人的體諒和理解，很容易會令彼此的衝突增加，直接影響家庭關係。家庭氣氛會變得緊張，經常發生磨擦。小朋友亦有機會因為情緒問題而影響記憶力、專注力，令學習表現下降。家長則有機會將焦慮的情緒帶到工作上，令集中力和記憶力下降，影響工作表現。

接納焦慮情緒

家長首先要明白，孩子面對陌生環境或適應新環境，感到擔憂是正常不過，很多人都會有相同的感受。家長應接納自己或小朋友的焦慮情緒，不應感到如臨大敵或覺得自己或小朋友有毛病，這反而會助長大家的焦慮情緒。家長可持續作出觀察，若發現這種焦慮情緒持續6個月或以上，並影響到個人生活，如無法集中精神工作或學習，甚至無法上學或上班，或處理家務；家長應向學校反映，多和老師溝通，了解小朋友在學校的情況和問題，並嘗試聯絡學校社工或專業人士作出協助。

家長宜多耐心聆聽小朋友的感受，讓他們抒發情緒。

開學焦慮症徵兆

	生理	心理	行為
家長	• 頭痛 • 肩頸或骨痛 • 呼吸急促	• 易發怒 • 不耐煩 • 難以入睡 • 容易疲倦	• 出現重複行為 (如重複檢查子女書包) • 與子女衝突增加 • 夫妻關係變差
小朋友	• 腸胃不適 • 作嘔作悶 • 肚屙	• 恐懼 • 擔憂 • 發噩夢 • 專注力下降	• 出現對抗行為 • 不願上學 • 出現重複行為 (如重複檢查書包) • 親子關係變差

紓緩焦慮7大策略

❶ 接納和面對情緒

　　家長要接納及教導小朋友接納自己在開學初期，有機會出現情緒不安、焦慮的心情，這是普遍現象，不用大驚小怪，亦是可以理解的。家長甚至可告訴子女自己在轉新的工作環境亦會有相同感受，並利用這個機會跟小朋友討論當負面情緒出現時的可行處理方法，藉此培養他們的情緒智商（EQ）及解難能力。

❷ 耐心聆聽感受

家長宜於開學初期，每天抽空耐心聆聽小朋友的感受，可透過談話、講故事及遊戲等形式，讓孩子在輕鬆的氣氛下表達自己感受，切忌不斷追問或批評他們有甚麼好怕，令子女不敢表達。

❸ 了解焦慮原因

鼓勵小朋友講出焦慮背後的原因，如小朋友不懂表達，可誘導他們透過角色扮演、畫畫、講故事，將自己的情緒具體地表達出來。因為驚、害怕的感覺是很抽象及無形，孩子很難加以處理；將感覺轉化為具體的圖畫、文字等則有助家長理解及處理。

❹ 教導情緒詞彙

年幼小朋友認識的詞彙有限，也許未能清晰的描述情緒。當了解及明白到他們的恐懼後，家長可教授他們一些描述情緒的常用詞語，如「害怕」、「擔心」、「憂慮」、「不安」、「恐懼」及「不知所措」等，讓他們日後遇到類似情況時，亦懂得表達自己的感受。

❺ 引導正面思想

受經驗所限，小朋友的思考傾向單一或狹窄，家長可用自己的經歷，引導小朋友正面而多角度地思考問題，如孩子害怕和父母分離，家長可跟孩子說：「爸爸小時候開始上學時都有這感覺，但後來發覺除了爺爺嫲嫲疼愛我、喜歡跟我玩耍之外，學校的老師和同學也很喜歡我及常常跟我玩耍呢！」、「我在學校裏認識了很多有趣事物，回家可跟爺爺嫲嫲分享。」從而令小朋友認識上學是一件愉快的事情。

❻ 滿足基本需要

家長應在開學初期，注意小朋友的飲食和作息時間，讓他們有健康的身體和良好精神，有助他們適應新環境。若孩子經常請病假，會更難適應新環境。同時，面對焦慮感較強的小朋友，家長應多加陪伴和擁抱，給予他們多些安全感。

❼ 訂立挑戰目標

開學後兩至三星期，當小朋友開始熟習上學的模式後，家長可跟子女一起訂立短期的小目標，如可於小息時在小食部買一包零食回家或認識一位新同學等。家長要教導子女怎樣計劃和實行，讓他們透過完成目標來增加信心，減低焦慮。

透過故事書，可讓小朋友代入類似經歷，減低焦慮感，尋找解決方法。

輕鬆減壓Tips

生活在香港，無論是小朋友或家長都免不了要面對形形色色的挑戰，有時會令人精神緊張。以下是陳曉中建議的輕鬆減壓方法，家長和小朋友都可在家進行，齊齊減壓。

❶ 借故事發揮

小朋友傾向投射情緒。家長可預先選購一些和幼稚園開學或上小學有關的圖書，跟孩子講故事，透過故事中主角的經歷，了解小朋友的經歷及感受，如問孩子：

「這幅圖畫的熊寶寶發生了甚麼事情？」

「熊寶寶擔心其他小朋友不喜歡跟牠玩耍，你會不會跟牠一樣呢？你擔心過其他小朋友不喜歡跟你玩耍嗎？」

「依你說，我們可如何幫助熊寶寶結交朋友呢？你有甚麼好建議？」

從而引導小朋友思考解決問題的方法。由於引入的對象是故事主角，入侵性較低，相對能減低小朋友的抗拒及恐懼。

❷ 釋放負能量

透過遊戲或伸展運動，可讓人釋放體內的負能量。除了伸展、拉筋運動，還可將自己的不快和害怕吹進氣球內，讓小朋友具體看到負能量已離開身體，然後一同討論怎樣釋放出來，更可擠破氣球或放手，透過聲音和形象來確定負能量已被釋放。

孩子情緒困擾
提升抗逆力

專家顧問：何詠思/註冊社工

　　不論是成年人，還是小朋友，當生活遇到不如意的時候，很容易就會受到情緒困擾。情緒低落的時候，能夠與信任的人傾訴，一方面可尋找可行的解決方法，另一方面也可抑止負面情緒過份積壓。註冊社工指出，親子間只要多加溝通，除可提升雙方的融洽關係之外，同時亦能強化孩子對抗逆境的能力。

困擾來自三方面

註冊社工何詠思認為，小朋友的困擾主要與他們的生活經驗有關，事情一般也是來自他們的生活圈子。何詠思指小朋友的困擾主要緣自家庭、學校及個人能力三方面，箇中原因大致如下：

❶ 家庭

父母離異、父母對小朋友的要求太高、家中增添新成員、父母習慣將小朋友與其他兄弟姊妹比較等。

❷ 學校

面對考試測驗功課的壓力、與朋輩相處起衝突、友儕之間互相比較等。

❸ 個人

對自己預計不到的事情感到恐懼，從而造成低落情緒、天生性格悲觀，想法負面等。

何詠思指1、2歲的幼兒，年紀太小，認知能力較低，所受的困擾亦不會太多。惟當小朋友上學後，生活層面擴大，所接觸到的人與事相對增多，當中遇到的開心與不開心事情，亦會同時增加。不過，小朋友未必知道甚麼叫「困擾」，更加未必會將之講出。她指就讀學前班、幼稚園的小朋友，不開心的時候未必能夠懂得完整地表達事件，而他們的形容亦可能是很片面。雖然小學生的表達能力較幼稚園生進步，但部份內斂的孩子，反而更加會將心事放在心上。

困擾有樣睇？

何詠思提醒家長，由於困擾並非一種病，因此並無任何病徵。最常見的表徵，就是小朋友一反常態。她指當小朋友的表現與平日迥異、滿面愁容及默不作聲，很可能就是受心事困擾。何詠思說有些小朋友的性格「大咧咧」，很少將別人的欺凌、嘲笑放在自己心上，他們甚至視作日常生活一部份，不會意識到挫敗之感，但這並不等於小朋友是真正快樂。若小朋友從不正視問題，反而會令負面情緒積累，假以時日會一次過爆發。

親子交流有法

何詠思認為家長每天只要花上5至10分鐘與子女閒談心事，

將聊天變成一種生活習慣，便有助小朋友將心中的鬱結紓緩；同時亦可以趁機會檢討問題，以提升孩子的抗逆能力。以下，何詠思將會與家長分享與小朋友溝通時，需要注意的技巧：

❶ 有效的溝通方法

何詠思說小朋友可能會因為「尷尬」而不想將心事盤出；部份小朋友更會因為自己犯錯，害怕被責備而將心事刻意隱瞞。何詠思建議家長可透過一些輕鬆的方法，引導小朋友講出心事。譬如家長在睡前故事時間可挑選一些以校園、家庭為題材內容的故事，讓小朋友產生共鳴感，繼而將他們的感受講出。另外，家長亦可提出利用角色扮演，讓小朋友將第一身的情緒、感受投入到第三身的布偶當中。當小朋友感覺自己似是訴說第三身的故事時，就能夠減少他們難以啟齒的情緒。除此以外，當卡通片播放出相關內容的情節時，家長不妨與小朋友展開討論，引導他們講出心事。

❷ 開放式發問

何詠思建議家長以開放式的技巧向小朋友發問，鼓勵小朋友作出更多的回應。譬如問：「你今天上學開心嗎？」、「你因甚麼事悶悶不樂？可不可以講多些給我聽？」家長需要抱着持平的

態度向小朋友發問，並且要對小朋友所講述的事情感到興趣及好奇。小朋友的世界頗為單純，他們開心的原因也很簡單，或許只是因為得到了一張貼紙，故貼紙等瑣碎小事，在小朋友的世界是很重要的。家長在對話中的反應是會直接影響對話的長短及小朋友的心情，若小朋友感覺與家長的對話開心，讓他們感到滿足，小朋友便會更樂於與家長分享。何詠思指當小朋友信任家長，親子對話演變成一種習慣，小朋友很自然會主動跟家長說出心底話，甚至會反問家長：「你今天過得開心嗎？」

如何面對不幸？

何詠思指若父母不幸離異，應該提前向小朋友預告。太年幼的小朋友，未必明白甚麼是離婚，家長可運用他們明白的方式去表達這件事。「父母之後會分開居住，但我們不會因此而不理會你，以及減少對你的愛。」何詠思認為提前預告，可以讓小朋友預先了解之後發生的事，不會因為家庭突變而令孩子擔心得手足無措。另外，近年的學童自殺案件頻生，何詠思認為未必所有小朋友都知道甚麼是自殺，但她建議家長最好不要讓小朋友知道「原來可以以自殺結束生命」。家長宜多跟小朋友分析當中個案所遇到的問題，問問他們「若你遇到這樣的情況，你會怎樣解決？」很多時，小朋友因為無真實經歷過這些事件，因此很可能會回答：「我不知道啊！」此時，家長可以跟他們說出恰當的建議。譬如在學校遭到同學欺凌，應該以友善的態度跟老師說出事件。

家長太忙如何是好？

何詠思不建議家長因為工作繁忙，就將與小朋友閒聊10分鐘的責任完全交託在照顧者，譬如是祖父母與外傭身上。因為祖父母與新一代父母在教育及文化背景上亦有不同；若傭人與小朋友的關係更好，亦難以令小朋友感到有家長的親切感。因此，何詠思希望家長在親子溝通方面要親力親為。若家長因工作關係，未能抽空與小朋友面對面溝通，亦可以在工作時趁休息的時候，致電給子女關注他們的最新動向，譬如說：「對不起，我最近工作很忙，少了時間跟你見面，你有甚麼想對媽媽說呢？」小朋友明白家長忙碌工作是為家庭努力，便會反過來為家長打氣，更可增添家長在工作時的動力。

失控 B
家長點化解？

專家顧問：張敏如/註冊社工

　　有時候面對孩子發脾氣、哭鬧或嚴重至出手打人，甚至在街上看見年紀較小的寶寶嚎哭、尖叫，總會招來旁人的奇異目光，讓家長倍感尷尬，對孩子失控頓時顯得手足無措。小B這些失控行為，在父母眼中被視為「唔聽話」的表現，面對子女的失控行為時，父母該如何處理？本文社工會教家長如何應付和管教失控的孩子。

點解孩子會失控？

有時候孩子突然失控，慣常的表達方式為嚎哭、尖叫、發脾氣。當面對這樣的孩子，家長不論做甚麼都無法安撫他們的情緒，實在讓人摸不着頭腦兼頭痛。註冊社工張敏如表示，假如孩子年紀還小，所懂得的詞彙不多，令其表達能力相對較弱。因此，孩子的失控行為大多數因為以下3個原因所致：

❶ 需求得不到滿足

由於小朋友的語言能力不高，當他們感到肚子餓、不舒服的時候，難以用言語去表達，就只能透過哭鬧這種方式來表達，要求大人滿足自己。若大人明白和滿足得到孩子的要求，他們的失控情緒便會得以疏導。不然，孩子的失控程度，只會不斷升級。

❷ 吸引大人的注意

有時候父母正在忙碌，無暇顧及孩子，但孩子卻不會知道父母正在忙碌，當下只希望得到爸爸媽媽的關注，希望他們能夠陪自己玩，哄自己。因此，孩子只能用哭鬧來吸引父母注意自己。

❸ 不懂表達自己

因為孩子的言語能力有限，他們難以詳述自己的情緒，父母只能在孩子有限的表達能力下，猜想他們在表達甚麼。所以有些時候，家長或會誤解了小朋友的意思；孩子亦會因為不被理解，或得不到真正想要的，而出現發脾氣的情況，甚至做出失控的行為。

街上失控 點算好？

孩子突然在街上大哭、尖叫、滾地，旁人總會投來不同的目光，讓父母感到十分尷尬。正正因為家長在乎路人的目光，很多時候他們便會利用責罵、威嚇，或用服侍皇帝的方法等快捷的方式，去立刻解決孩子的失控情緒。對此，張敏如表示她並不鼓勵，還提醒家長當下不要只專注在孩子的失控情緒，應以平和的態度去了解孩子發脾氣的原因，以及以自己對孩子的認識和了解，再去對症下藥，解決孩子失控的行為。

失控B 可預防？

和諧、寧靜的家庭環境，有助孩子的情緒穩定地發展，並可

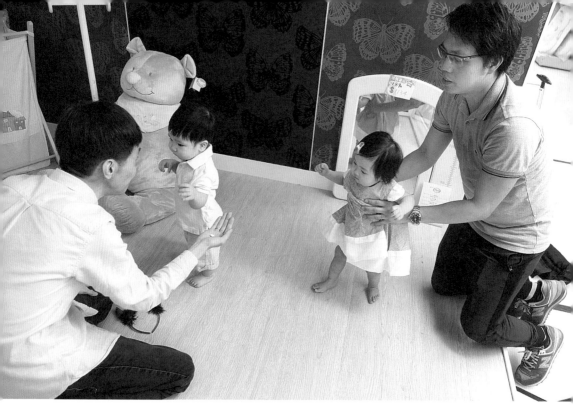

預防孩子情緒失控。張敏如提醒家長需留意家庭的氣氛，例如夫妻、婆媳關係，以及與別人家庭的關係等。如果這些關係都能夠在和諧的氣氛下建立，且孩子能在寧靜的環境中成長，這能減少他們常常在受驚和不合作的情況下成長，有助家長對孩子的管教和培育。

同時，由於孩子容易受大人的情緒影響，家長應定時反思自己的情緒狀況，是否有出現失控的情況。如果家長能夠有良好的情緒管理，就能夠更冷靜和有信心地管教孩子。而且，家長亦需要留意自己有否滿足孩子的基本需要，例如孩子吃得飽嗎？穿衣足夠嗎？健康狀況如何？若他們能滿足孩子這些基本需要，是有助穩定孩子的情緒。

預防失控B 3大法

除留意外在環境對孩子的影響之外，張敏如表示家長其實亦可在日常生活中，根據以下3個方法去預防孩子出現失控的情緒：

方法1：觀察孩子

假如孩子因為年紀小，還未懂得表達自己的情緒，家長在觀察小朋友的情緒狀況後，可運用簡單的詞彙幫助他們表達自己的想法和感受。而家長也可在日常生活中，多觀察孩子的特性，在生活上安排活動給孩子時，需按着他們的年齡和特性，而安排合適的活動給他們。如孩子是活潑型，家長可安排一些能消耗體力的活動，讓他們得到滿足，從而減少鬧情緒的情況。如孩子是內斂型，家長在與孩子相處時，則要避免用威嚇的方式來對待孩子，因為他們會很認真地對待父母的說話；而家長在安排活動和跟他們相處時，應給予他們安全感，則可減少孩子受驚和突然失控的情況。

方法2：耐心聆聽

在聆聽父母說話時，孩子能從中學習如何表達自己的情緒和感受，明白自己的情緒是會被爸爸媽媽接納的，這樣對於孩子的情緒發展和成長會更穩定。當孩子長大後，他們表達情緒的能力也會提升，可減少將來用失控行為去表達自我情緒的機會。

方法3：與孩子溝通

如想孩子能夠在外出的那天會有穩定的情緒，家長需要與孩子有一個預先的溝通，例如告訴孩子那天他們會遇見甚麼人、會做甚麼事情，讓他們有個心理準備，慢慢地令他們對新的體驗有安全感。

父母只能在孩子有限的表達能力下，猜想他們在表達甚麼。

家長如何訓練失控B？

父母可由孩子1歲開始，先為他們訂立規矩，讓他們明白發脾氣、情緒失控等，都是一些不恰當的行為，並讓他們知道父母對他們是有要求的。但在溝通的過程中，家長切記語句要夠簡單，譬如説：「你食嘢時要坐定定。」這樣簡單的表達，已能夠讓孩子明白。

教育孩子時，家長記得言詞要夠簡單。

A.C.T. 溝通3部曲

有時孩子出現失控的行為，家長不知道該怎麼辦？張敏如表示，A.C.T.溝通3部曲能夠有助父母與小朋友溝通時，穩定他們的失控情緒。

Acknowledge 反映孩子情緒：

父母要幫助孩子去表達一些他們不能夠表達出來的情緒、思想和感受。例如有時候，小朋友哭鬧是因為不捨得放下手上的玩具，家長就要在這時候一邊作出安撫，一邊對他們説是知道其因為不捨得，想玩多一會兒。假若父母能運用貼切的字眼來反映孩子的情緒，這樣能讓孩子覺得自己的感受是被父母接納，從而有助他們了解和表達自己的情緒。

Communicate 溝通限制：

父母除了表現明白孩子當下的感受，但同時亦要讓他們知道所有事情都是有限制的。例如告訴孩子這次玩耍的時間到了，他們可以下次再來玩。

Target 給予孩子選擇：

父母應給予孩子最少1至2個選擇，例如問孩子下次想再來玩嗎？讓孩子知道他們是可以選擇的。若孩子仍然不接受，家長可嘗試運用creative choice giving，即是如果孩子選擇不再哭，即代表他們決定下次再來玩了，這樣能夠令孩子知道這是他們自己作出的決定和選擇。

面對孩子失控的情緒，家長切記保持心平氣和。

RENEWALLIFE

또또맘 DDODDOMAM

韓國製造
Made in Korea

為孩子準備健康米零食

不經油炸
No oil-frying

12m+

糙米泡芙
Brown Rice Puff

訓練寶寶抓握小物件的能力
helps develop baby's
grasping small object's skill

6m+

有機米條
Organic Rice Stick

2種或以上的水果或蔬菜成份
2 or more kinds of fruits
and vegetables

• 韓國楊平郡優質米源製成
  Made of High-quality Rice cultivated in Yangpyeong, Korea

6m+

有機米牙仔餅
Organic Rice Rusk

幫助紓緩寶寶出牙不適
helps baby to soothe
tooth itch

• 質感鬆軟，寶寶入口易溶
  Melt quickly in baby's mouth with a soft texture

幼兒
化身小魔怪？

專家顧問：鄧偉茵/教育心理學家

　　寶寶在出世後，猶如可愛的洋娃娃般，融化父母的心。但為何踏入2歲開始，他們便由從不向爸爸媽媽say no的小寶寶，一下子化身成惱人的小魔怪，時常做出令父母費神的舉動呢？教育心理學家逐一剖析此階段的幼兒心理發展，並為家長提供適切的相處法則。

2至3歲幼兒 心理發展

希望寶寶健康快樂地成長，是不少父母的願望。隨着幼兒漸漸長大，家長總希望孩子乖巧伶俐，一家相處樂融融。但當寶寶踏入2至3歲，他們開始出現令人頭痛的行為。教育心理學家鄧偉茵表示，幼兒踏入2歲這個在外國稱為trouble 2或2歲小霸王的時期，可視為成長轉折期，或是青春期的前哨，其心理和行為會互相影響，具體可顯示於以下6方面：

❶ 獨立自主

幼兒透過探索自己的能力，從中得到滿足。常見的包括許多事情也要自己做，若順利的話，他們認為自己有能力達成某事，從而提升自尊、自我控制的能力。若果未能順利發展，他們的自信心會較低、容易自我懷疑、行為畏首畏尾。此時，家長宜協助幼兒做些他們能力範圍內可完成的事，以助發展其獨立自主。

❷ 認知方面

根據瑞士兒童心理學家Jean Piaget的認知發展理論，2至7歲的孩子正處於前運思期（preoperational period），幼兒會發展運用符號的能力，例如遊戲時會運用想像力，做出象徵性行為，譬如用玩具電話扮打電話、以玩具掃帚扮掃地等。

❸ 直覺思考

此時的幼兒以感知為本，還未發展至運用邏輯思考，他們所做的行為，通常是出於直覺上認為要這樣做，而較少去思考做完會有甚麼後果。另外，他們只集中注意事物的單一向度或單一層面，無法了解守恆概念。例如相同容量的果汁，倒進兩個容量一樣但高度和闊度不同的杯中，幼兒會直覺認為高而窄的杯子果汁較多，矮而闊的杯子果汁較少。幼兒約5至7歲階段，才發展出守恆的概念。

❹ 智能vs體能

根據心理學家John Rosemond指出，2歲幼兒的智能發展較體能發展為快，故許多時候，幼兒希望嘗試去做某件事，但卻因能力所限而無法做到。由於他們的言語能力處於發展中，未能順利地表達自己的想法，容易因受到挫折而發脾氣。

❺ 自我中心

此階段的幼兒自我意識開始萌牙，能夠運用「我」這個字，其行為多站於自己的觀點和角度出發。由於他們的能力還未發展至能夠推己及人，故較難代入他人的感受，亦因此而出現父母眼中的行為問題，例如不願意分享玩具。

❻ 情感萌芽

隨着自我意識的萌芽，幼兒除感到開心、難過、害怕的情緒之外，更會有新的情感出現，例如憤怒、膽怯、害羞、羞愧感及自尊心等。在每天的成長中，他們會因為不同的經歷而出現各種情感，由於大部份是初次經歷，幼兒還未懂得如何處理或表達，可能會出現成人眼中的扭計。

幼兒行為 處理有法

幼兒的心理發展會影響其行為模式，鄧偉茵建議家長在處理幼兒的棘手行為時，首先可培養幼兒的獨立態度。例如幼兒若要自己倒水，家長可在安全環境下讓他們自行探索，例如提供膠杯讓幼兒自己倒水來喝。過程中，幼兒可能會倒瀉，家長不宜因此禁止幼兒不准做，或是説「都説你會倒瀉，你不要倒了！」；而是應控制自己的情緒，協助失敗的幼兒紓解情緒説「我知道你想自己倒水，但因為倒瀉了而覺得很不開心！」然後向幼兒親自示範，教導倒水的技巧，讓幼兒再次嘗試，令他們有成功經歷，能夠自己控制身體做到某些事情，從中提升自我形象。

學懂規則 Do & Don't

平日與2至3歲的寶寶相處時，家長有甚麼可配合孩子心理發展的大原則，讓幼兒學懂守規則？鄧偉茵介紹以下有5 dos和2 don'ts：

5 Dos：

❶ **態度堅定一致**：幼兒就像父母的一面鏡子，他們喜歡模仿父母，但卻不喜歡被父母控制。此時父母不應忘記底線，即使幼兒扭計也要貫徹實行要他們做的事。

❷ **言語具體直接**：幼兒的語言能力仍在建立中，此時父母不宜用太長及太難的句子作指令，避免運用「如果你（不做某事），就（後果）」等需要想像的字眼，而是直接説「你要（做的事

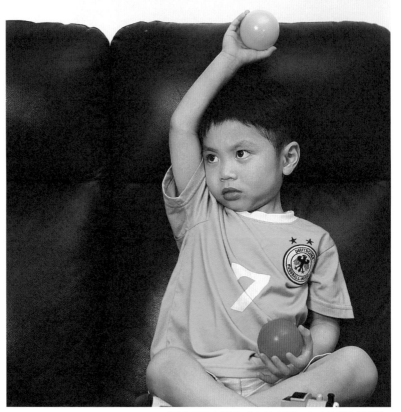

幼兒容易因挫敗的情緒而衍生出行為問題，家長應協助他們紓解情緒。

情）」。

❸ 訂立明確規則：例如吃飯時要坐好、打噴嚏要掩嘴、回家要洗手等。

❹ 賞罰分明：當幼兒做到某些好行為時，家長要具體地讚賞，例如「你今次吃飯坐得很好！」令幼兒知道何謂好行為；責罰時可取走幼兒心愛的東西，例如「罰停一次玩（某玩具）的機會。」

❺ 接納幼兒情緒：當看見幼兒因各種情緒而引起的行為，家長要先接納他們的情緒，同時告訴幼兒某些行為是不應該做，再教導幼兒下次可以如何處理。

2 Don'ts：

❶ 情緒失控：家長不應向幼兒發脾氣，而是明白此階段的寶寶想獨立自主，家長宜提供機會讓孩子多探索。

❷ 威嚇侮辱：家長不宜以威嚇、侮辱的方式制止幼兒的行為，令他們有錯誤觀念，向其他人做出父母對自己所做的行為。

小魔怪行為Q&A

Q 家長問： 2歲的兒子時常説「不要」，好像老是想與我們作對，例如叫他去睡覺、洗澡時，他就會不停説「不要」，請問可以怎樣處理？

A 心理學家答： 此時父母要堅持常規，因幼兒日後上幼稚園、到不同的社交場合也要守規則。當幼兒事事也説「不」時，家長只需重複告訴孩子他們必須要做的事，若幼兒仍然説「不」，家長不需理論，而是直接帶幼兒去洗澡或睡覺。

Q 家長問： 2歲半的女兒看到覺得很新奇的事，就會指着並大聲告訴我們。有次她指着別人大聲説「佢冇頭髮」，令我很尷尬，請問可以怎樣令她學懂禮貌？

A 心理學家答： 幼兒對於不常見的東西感到好奇而作出的舉動，家長毋須有太大反應，可於當場向對方道歉，説孩子還不懂事。但家長不宜在人前教導孩子，避免孩子追問越多而令場面更加尷尬。家長可於平日透過繪本、圖書等教導孩子，每人的外表有所不同，身形、膚色、種族也各有不同，增加他們的知識。

專家寄語：教導幼兒表達情緒

2至3歲的寶寶處於探索階段，鄧偉茵表示他們礙於技巧不成熟，通常做出許多事情需要父母「執手尾」。父母對於孩子行為的看法可能不一致，一方認為孩子貪玩，另一方可能認為孩子在探索，此時父母應互相尊重對方的意見，透過溝通表達自己的看法；幼兒看到父母處理衝突的方式，會從中學習成為自己解決衝突的方法。另外，家長宜教導幼兒表達情緒的方法，例如透過詞彙教導，結合臉部表情、畫畫的冷暖色系，助他們以不同方式表達自己的內心。

家長可讓幼兒透過顏色表達自己情感。鄧偉茵指圖中的女孩因母親入院，產生了各種情緒，冷色系、混亂的線條反映出女孩的內心狀態。

同BB講疊字

有問題嗎？

專家顧問：謝仉賢/言語治療師

花花

波波

　　很多爸爸媽媽都愛跟寶寶說疊字，寶寶說出「玩波波」、「推車車」、「食菜菜」等疊字BB話，十分可愛。但也有不少家長擔心，若寶寶不能戒甩BB話，會影響其語言發展。本文言語治療師跟各位家長作詳細分析。

點解要講疊字？

很多家長都習慣用疊字與嬰幼兒溝通，如「波波」、「車車」等。言語治療師謝仉賢表示，這種溝通方式普遍被稱為「媽媽語/兒語」（motherese），特徵包括表情豐富、音調較高、速度較慢、用字簡單、重複性高，而疊字是媽媽語的其中一種特徵。普遍研究認為，兒語有強調的作用，有助吸引寶寶的專注，並能提高他們的語言學習速度，更能增進親子關係。在幼兒前期使用疊字，也更貼合寶寶的能力，讓他們更容易學懂詞彙的意思。

BB話幾時要戒甩？

謝仉賢表示，講疊字BB話對幼兒學習語言初期有不少好處，但不少家長也會擔心經常對寶寶說疊字，會影響他們的語言能力。她提醒家長需要留意，當寶寶的語言能力逐漸提升，能運用短句溝通時，便沒必要使用疊字。一般而言，寶寶在2歲半左右已能說出句子，家長應減少對寶寶說疊字，透過觀察及模仿，寶寶漸漸能學會正確的表達模式。更重要的是，提升語言發展着重愉快學習及溝通的互動，所以家長毋須禁止寶寶說疊字，只要鼓勵溝通，給予良好的典範，寶寶自然能「戒甩」疊字。

寶寶5大語言發展階段

當家長知道寶寶在不同階段的語言發展，便會了解到講BB話，是寶寶語言發展的必經階段。以下，謝仉賢會為家長簡單介紹0至6歲的寶寶5個語言發展階段，以及當中應有的表現：

0至1歲：口語前期

寶寶由對聲音有反應，到慢慢能分辨不同的聲音，然後理解聲音的意思。由初生時只有喊聲和笑聲，寶寶在3個月大時，漸漸學會「咿咿呀呀」（cooing）。6個月大的寶寶能發出一些聲母韻母組合（babbling），牙牙學語，能模仿不同的聲音。當寶寶到了10個月左右，能明白簡單手勢及口語，例如「拜拜」、「奶奶」等。大約1歲，就能說出有意義的單字表達意思，例如叫「媽媽」。

1至2歲：語詞彙階段

寶寶開始學習理解寫實的名詞如「波」，和動作動詞如「踢」，能指向物件作出要求，並開始以單字表達，夾雜類似說

話的「BB話」。

2至3歲：短句階段

寶寶的詞彙發展速度增加，約3歲已發展至能明白及說出簡單句子和問問題，如「要波波」、「食飯飯」及「去邊度？」等，但寶寶所表達的內容，多集中在「此時此地」。

3至4歲：敘事初期

這階段寶寶能明白含3至4個元素的指令，能理解遊戲的步驟，詞彙量多且類別廣，並增加形容詞及副詞。寶寶在這階段喜歡敘事，會告訴家長在學校發生的事情等，但內容較簡單，連貫性較低。

5至6歲：語言能力漸趨成熟

這個階段的幼兒能理解大部份對話，除字面意思外，還能理解部份言下之意。在表達方面，他們不但敘事結構有所改善，也喜歡發表意見，談及感受。寶寶的語言運用能力有所提高，能用不同語句模式表達相同意思，也開始能就不同對象改變說話方法。

培養幼兒語言能力

家長當然希望自己的孩子能夠口齒伶俐，謝仉賢表示，家長與孩子建立互動的溝通非常重要，平常應多鼓勵寶寶多聽多說，能豐富他們的詞彙量和建立句子結構，提升語言能力。以下是謝仉賢建議的4個技巧：

❶ **親子多溝通**：寶寶在口語前期，雖然未能言語，但仍鼓勵家長多跟寶寶說話，運用簡單而重複的句子，用言語、注視和表情來回應寶寶發出的聲音。

❷ **多感官學習**：在學習詞彙的階段，透過洗手或洗澡等生活環節，家長可多描述寶寶的活動和眼前的事物，例如「抹」、「手」及「水」，以多感官的方法讓寶寶學習。

❸ **說故事及角色模仿**：透過說故事及角色模仿等活動，有助兒童發展更高層次的語言能力，例如家長可請孩子嘗試講述故事的內容。

❹ **學習延展句子**：家長可透過正確的示範，但不必逼寶寶跟著家長說，是較理想的策略。例如寶寶在玩皮球時說「拋」，家長便以「係喎！拋波」、「大力拋」，助他們的說話加入新元素。

100%
西班牙製造
Made in Spain

cambrass
since 1984

夢寐以求
Long-Cherished Desire

CONFIDENCE
IN TEXTILES
Tested for harmful substances
according to Oeko-Tex® Standard 100
975052
AITEX

獲得紡織品
無毒測試認證
Standard 100
by Oeko-Tex

哺乳枕
Nursing Pillow

初生套裝
New Born Set

兩用毛毯
Blanket Nest

www.cambrass.net

2歲小魔怪
小B愛話事？

專家顧問：李偉堂/臨床心理治療師

　　「Trouble 2」可說是小朋友的第一個反叛期，因應成長發展，大部份小朋友踏入2歲，容易出現有別於嬰幼兒的情緒與行為問題；尤其是他們對自我認知有所增加，希望爭取獨立自主，不自覺地自我膨脹，不再輕易服從父母的指令，令家長苦惱不已。到底家長可如何應對Trouble 2愛話事的小B？本文臨床心理治療師為家長講解有效的處理方法，協助孩子度過這個成長階段。

有主見 自我意識增

　　踏入2歲的孩子，有別於任由父母「搓圓撳扁」的嬰兒階段，其體能有所增長，大部份2歲幼兒都可自行走路、攀爬等，不再需要父母協助，令他們自覺可以自行完成想做的事。加上這個階段的幼兒，對身邊的事物感興趣，希望能親身體驗。心啟晴臨床心理治療師李偉堂表示，Trouble 2是孩子自我意識發展的開始，強烈的好奇心令他們不斷去探索及模仿，同時他們發現自己是獨立的個體，開始有自己的想法，不再是別人叫他們做甚麼便會去做，是個人成長的一個階段。

自主與遵從的對立

　　不少家長會覺得Trouble 2的小朋友總愛與父母作對，李偉堂解釋，在成長發展的限制下，對危險難以定義，幼兒不知甚麼是可做或不可做。在好奇心的驅使下，他們對每樣事情都想嘗試，同時會不自覺地萌生試探父母能忍受的極限，令他們做出各種不合父母心意的行為。但在父母的角度，他們知道孩子實際上未必有足夠能力應付，所以希望孩子能夠遵從父母的話，也會覺得被孩子挑戰，對他們所做的行為更感不滿。這種自主與遵從的對立，容易令家長和孩子之間產生磨擦。李偉堂表示，家長要明白孩子想獨立行事的意慾，因此不應只斥責他們，反而應多作引導。

Trouble 2 特徵

- 喜歡獨立完成某件事情
- 開始設立自我規則
- 固執
- 較難受約束
- 有自己的意見

拆解Trouble 2 自主行為

　　面對孩子在Trouble 2時期出現的行為，家長很多時候都會不知所措。李偉堂舉出下列3大常見情景，教家長如何處理。

情景1：爭取自己付款

　　家長和孩子到商店購物，孩子希望嘗試自己到收銀處付款，但父母會覺得孩子很「論盡」，或會不小心將錢掉在地上。為了節省時間，家長會阻止孩子參與，寧願自己付款。

專家建議：如果家長不放手給孩子嘗試，只跟孩子説「不可以」，反而會加強他們的反叛心理。相反，家長可以在旁邊協助，讓孩子知道自己的能力到達哪個程度。

情景2：想嘗試參與煮食

　　家長在廚房煮飯時，孩子或會感到好奇，希望參與過程。家長一方面會覺得危險，但另一方面，如果父母不答應孩子的要求，孩子就會不停的擾攘。

專家建議：家長可以讓孩子半扶着熱鍋的手柄，攪拌一兩下，以滿足他們的好奇心。孩子會感受到熱力，知道有機會受傷，不是自己能力應付得到，便不會再勉強嘗試。

情景3：不肯上床睡覺

到了晚上需要睡覺的時間，不少孩子都會「扭計」，不願意上床睡覺。這時家長會訓斥孩子，孩子又會鬧情緒，令情況變得很糟糕。

專家建議：當孩子不願遵守規則時，家長不宜「硬碰硬」，而是可以給予孩子一些選擇，如讓孩子選擇自己上床睡覺，或是由父母陪同上床睡覺。由於這個階段的孩子喜歡自己做決定，家長可以給予孩子有限度的選擇，既能滿足他們想自己「話事」的慾望，亦能令他們乖乖聽話。

Trouble 2 管教小貼士

李偉堂表示，家長應視「Trouble 2」為學習機會，讓孩子平衡現實和理想中的能力。以下是2個管教小貼士：

❶ 給予嘗試機會

孩子對身邊的各種事物都感到好奇，最初可能只是想自己嘗試一下，反應不會太激烈。但如果家長反應過大，只懂責罵孩子，他們下次就不容易聽從父母的指令，可能會想伸手搶，反叛行為更可能持續。所以家長應該盡量放手讓孩子嘗試，但需要給予耐性和包容，並從旁指導。

❷ 冷靜情緒

當孩子情緒激動時，父母隨時被孩子的情緒牽着走。若過份責罵，孩子會從中模仿父母，如學習父母罵人的語氣或方式等。遇到孩子鬧情緒，父母應先冷靜自己，盡量避免使用情緒性的字眼，如「你太可惡」等，之後才平心靜氣地跟孩子討論問題所在。

不肯上床睡覺

Part 2

管教子女是一門學問，家長要不斷「進修」，
可以上堂，也可自修，當掌握管教技巧及知識後，
自然就得心應手。本章有九個進修題目，例如
放養定圈養子女？言語恐嚇子女不當等，都令
家長大有收穫，千萬不要錯過。

言語恐嚇
教仔女唔掂

專家顧問：張佩玲/註冊社工

你唔乖，媽咪就唔錫你㗎啦！

　　小B總有頑皮、不聽話的時候，當孩子「話極都唔聽」，家長一時「火遮眼」，都會忍不住恐嚇他們一番，希望立刻停止他們的不良行為。但家長要知道這些負面的說話，不但會影響親子關係，更會讓孩子失去安全感。本文社工教各位家長「反恐技巧」，讓孩子可以在正面的環境下成長。

家長恐嚇語錄

- 你唔聽話，我就唔要你㗎啦！
- 你唔執嘢，我就丟晒你啲玩具！
- 你再唔快啲行，我就丟低你！

恐嚇教養3大負面影響

恐嚇言語，在上一代的育兒文化中屢見不鮮，受到「被嚇大」的成長經歷影響，有部份父母毫無保留地將這些恐嚇說話，送給自己的下一代。有部份父母希望能藉着這些恐嚇性的說話，令幼兒乖乖就範，註冊社工張佩玲表示，這種恐嚇的教養方式，對4歲以下的孩子來說是有一定的阻嚇性，因為他們會感到害怕，能收到即時效果；但長遠來說，這會對孩子的成長帶來負面的影響。

❶ 灌輸錯誤價值觀

若家長經常對孩子使用恐嚇性的言辭，孩子便會因感到恐懼而做某件事情，卻不會積極地認為這是自己的責任。以收拾玩具為例，如果他們只是因為害怕失去玩具而收拾，而不明白這是個成熟的自理行為，他們漸漸地會越來越需要外在壓力來迫使自己解決問題，而不是經過自己的理性思考，來作出決定和行動。

❷ 令孩子缺乏安全感

部份恐嚇的說話，在孩子長大後回想起來，其實都是「低B」得很，有些卻是惡毒說話，影響深遠，特別是「唔要你」、「唔錫你」及「丟低你」等，會令孩子覺得失去父母的愛，尤其是年幼的孩子，處於似懂非懂的階段，他們會想像被父母拋棄的畫面，變得缺乏安全感。長此下去，更可能令孩子感覺自己的存在價值被否定，失去自信心。

❸ 管教失效

這類恐嚇的說話，的確會令孩子感到害怕。但日子久了，當孩子知道家長只是說說而已，並不會將行動付諸實行，他們便會覺得家長沒有誠信；當下次遇到類似的情況，家長說出恐嚇的說話時，孩子便不會多加理會，甚至讓孩子懂得說謊與測試出大人

平時與孩子溝通時，家長應多運用正面的言辭，同時多聆聽他們的心聲。

的底線，令家長不可以有效地管教孩子。

告別恐嚇 4大反恐策略

家長最常對孩子使用的恐嚇言辭，就是當孩子做錯事，或者所做的事情未能滿足父母的期望，令家長氣上心頭，他們希望即時處理問題，很多時語氣便會重了；甚至是説出一些尖鋭、苛刻的恐嚇言辭，令小朋友感到難受，難免會影響親子關係，同時亦不是有效的管教方式。以下，社工張佩玲會教家長，如何防止孩子在「恐嚇襲擊」下成長：

❶ 停一停 諗一諗

當孩子出現不良的行為時，家長應避免即時破口責罵，因為一些衝口而出的説話，會令孩子感到難受。家長應先預留一個過濾的時間給自己，讓自己細心思考整件事情的空間，有助克制自己衝動和負面的情緒，並在反思後，才對子女的行為作出較全面的回應。

❷ 了解孩子犯錯的因由

　　家長要引導孩子說出內心的想法和感受，讓自己可以明白孩子做那件事情的動機，如慾望得不到滿足，或想取得父母的注意。譬如是家中的哥哥打妹妹，家長可先了解哥哥為甚麼要這樣做，究竟發生了甚麼事，讓他們說出不滿，如哥哥可能覺得媽媽偏心妹妹而忽略了自己，才會出手打妹妹。在了解過不良行為的原因後，家長才可以對症下藥。

❸ 運用正面語句

　　正面管教就是用有建設性和不傷害孩子的方法，去幫助他們建立良好的行為。例如平日家長看到幼兒有自己坐下好好吃飯，或見到不能碰的東西就自動走開時，就要多給他們關注，並可稱讚他們。當孩子明白到原來好的行為會得到關注，那便會增加他們多做好行為的機會。若孩子做了不恰當的行為，家長給予了明確的指示，如說「不可以」之後，若孩子主動停下來，家長亦可以稱讚他們。家長的認可和鼓勵，會令孩子較容易接納父母的意見，也可以幫助他們肯定自我，建立安全感。

❹ 教導孩子正確的觀念

　　在了解孩子的想法後，家長可表示明白他們的感受，但應具體地表達及指出其錯誤的行為，如「你不可以傷害他人」、「你不可以亂發脾氣」等。家長亦可善用問題如「你覺得這樣做為甚麼不對呢？」訓練他們思考和解決問題的能力，以及對自己的行為負責任。

建立內在動機

　　常用恐嚇言辭，孩子只是隨着避免錯誤的動機而聽命，那麼用恐嚇言辭威逼不成，利誘的方式可否令孩子容易乖乖聽話？張佩玲指出，物質的獎勵與恐嚇的方式大同小異，有獎勵就做，沒獎勵便不做，會令孩子在做事時依賴外在動機。想建立孩子的內在動機，家長可讓孩子知道做完某事情是會有好的後果，如收拾玩具後，下次玩的時候，便會更容易找出來。同時還要讓他們明白自己的責任，令他們能享受做的過程，就會越做越好。

放養？圈養？
家長點教養？

專家顧問：陳香君/資深註冊社工

　　每個孩子都是父母的心肝寶貝，但現在有很多父母都對孩子過份保護，把孩子「圈養」起來，若果不懂適時放手，孩子就不可以真正長大。而「放養」孩子，其實是為了讓他們可以成為獨立自主、負責任的人。本文社工與家長分析「放養」與「圈養」的管教方式，並教家長建立適當的管教界線。

圈養孩子 有乜問題？

父母疼愛孩子實在是無可厚非，社工陳香君表示，現在有不少家長對孩子過於保護，培養了很多「衣來伸手、飯來張口」，且缺乏自理能力的孩子。很多父母更處處為孩子下決定，希望孩子可以按照着他們的要求來做，以達到他們心目中預期的結果。所以很多時候，家長已經為孩子安排了所有活動，孩子只要按時間表來做事，變得沒有空間孕育自我，無法思考自己的目標。

父母不願放手，長遠來說，會令孩子變得依賴成性，而且令他們的自我照顧能力不足，也欠缺解難能力和責任感。另外，如果父母常常協助孩子下決定，會讓他們失去自己的想法，沒有獨立思考的能力，日後面對挑戰時，可能感到難以適應。

放養 ≠ 放任

所謂「放養」孩子，其實是指父母嘗試給孩子更多的獨立空間，父母後退一步，讓孩子從經驗中學習。陳香君表示，放養的管教方式，絕對不等如放縱或放任；而是父母為孩子的獨立作好訓練及準備後，然後才給予孩子自由及權力，讓他們自己體驗失敗和成功，從經歷中成長；令他們長大後可以成為一個獨立自主、願意承擔責任的人。

放養育兒4大法則

放養的管教方式固然有其好處，但如何具體地實踐在孩子身上？以下，陳香君會為家長提供4大放養管教法則，教家長如何拿捏當中的界線，為孩子日後追求獨立自主的人生，奠定良好基礎。

❶ 允許孩子嘗試

被「圈養」的孩子最大的問題，就是在於他們缺乏動機，因為從小到大，他們都習慣被服侍和安排。為了扭轉這個局面，家長應從幼兒階段起，按照孩子的成長進度，要求他們獨立地完成一些簡單日常生活自理的工作，如自行穿鞋子、吃飯、梳洗及收拾玩具等。在訓練自理的過程中，孩子可以學習面對挫折和解決困難，並有機會展現自己的能力，可增加他們的自信心。面對孩子逐漸長大時，家長也可以逐步放手，讓他們嘗試更多的事情。

家長應讓孩子從小嘗試不同的事情，讓他們可以從中學習解決問題，提升自信。

❷ 從錯誤中學習

在管教的過程中，家長必定要允許孩子嘗試錯誤，並接受失敗。因為孩子可以從中學習到為自己作主張，以及解決問題的能力，並為自己的選擇或行為後果負起責任。例如孩子欠帶東西回學校，是很常見的情況；大部份的父母為怕孩子受責罰，都會趕快送去。但如果家長每次都幫他們送去的話，孩子就不會記住自己忘了帶東西所帶來的後果。若果家長不幫忙，孩子便要思考如何向老師解釋，也要承擔被處罰的後果，孩子日後也就不敢再犯了，並學會對自己負責。若家長能夠放手讓孩子自行處理問題，即使結果並不是家長所預期的，孩子亦會透過反覆的嘗試及實踐後，不斷累積經驗，解難技巧會慢慢地變得純熟，為將來的性格及心理發展建立良好的基礎。

❸ 從小灌輸正面價值觀

要讓孩子懂得做出正確的決定，父母要與子女建立良好的關係，多與孩子傾談，從小向孩子灌輸正確的價值觀及鼓勵正面的行為。這時，父母應指導他們如何分辨對錯。隨着孩子進入青春期，他們會開始有自己的主見；家長可以透過與孩子多溝通，了解子女的想法，與子女從不同的角度剖析事情，引導孩子做出合適選擇。若孩子從小與父母建立緊密的親子關係，他們大多會

136

日常生活中向孩子表達愛，如多抱抱或錫錫孩子。

吸收父母的教導，在成長路上作出的選擇也會是合情、合理、合法。

❹ 給予選擇空間

為了讓孩子建立獨立的思考能力，家長應從小讓孩子有作出選擇的機會，如選擇自己喜歡的興趣班、周末的活動，充分給予其思想上及選擇個人路向的自由，培養他們的獨立自主性格。家長應在需要時，才加入一些引導性的建議，而非要他們按照自己的安排行事。如在大學階段，孩子被逼放棄修讀自己喜歡的科目，只會限制子女的成長，也會令他們感到不快樂。

讓孩子在愛中成長

父母的愛是孩子成長中一個不可或缺的元素。陳香君建議家長應多在日常生活中向孩子表達愛，如多抱抱或錫錫孩子，讓他們可以在充滿愛的環境中成長。但陳香君提醒，愛孩子絕對不等於溺愛，當孩子做錯事時，家長絕對要指出他們的錯誤，讓他們改正及承擔後果；但也要讓孩子知道爸爸媽媽會接納他們犯錯，而不會放棄他們。孩子感受到父母的愛與重視，才會對他人產生信任，從而相信自己，並有生活的動力。

家長迫得緊
孩子遭殃

專家顧問：王德玄/資深註冊社工

　　在現今的教育環境中，雖然許多父母都希望孩子能度過快樂的童年，但他們同時又會擔心子女落後於人；於是家長不期然地越迫越緊，除了令孩子感到壓力之餘，自己亦喘不過氣。其實家長過度緊張及催谷子女的學業，到底會為孩子及父母帶來甚麼影響？本文我們找來資深社工就此作出剖析，並為家長提供兼顧兩者的方法。

迫得太緊 背後有冇原因？

雖然並非每位父母也是催谷型，但演變成催谷型父母，背後總會有不同原因。資深社工王德玄表示，以下5個原因，是造成父母迫得子女太緊的常見心態：

❶ 個人成長背景： 父母的成長環境與現今孩子不同，從前的家長雖然關心子女的學習情況，但催谷氣氛並不濃厚，會有「讀到就讀，讀唔到就出來工作」的想法。但當父母踏進社會後，卻發覺因學歷問題而令自己錯失高薪厚職的機會，他們覺得「若小時候爸媽迫我讀書的話，現在我的前途就會較好」，為了讓自己的子女不輸給別人，於是便從小催谷孩子。

❷ 怕輸在起跑線： 為裝備子女成為優秀的人，有能力的家長會投放許多資源讓子女贏在起跑線。當這漸漸成為風氣時，其他家長看在眼內，心底也會焦急，擔心若不給子女補習，或是參加興趣班，就會輸在起跑線。

❸ 認識有質素的朋友： 家長希望子女考入名校，會安排許多考試備戰、面試攻略等操練，背後多因為他們希望子女能於名校中認識有質素的同學，將來的朋友也是上流人士，以助子女有較好的前途及生活圈子等。

❹ 教育環境壓力： 香港的教育環境較重視成績，雖然文憑試從過往的兩個變成一個，減輕了部份考試壓力，但家長會擔心子女稍有差池，就無法考上心儀大學，故從小便催谷其學業。

❺ 親戚之間的比較： 於親朋戚友的聚會中，家長容易不自覺地比較孩子，當聽到對方的孩子既補習又參加不同的興趣班，有些家長會產生心理壓力，容易動搖立場，於是便讓子女越學越多。

有氣冇碇抖 負面影響一籮籮

小朋友經常被家長催促鞭策，家長又時常處緊張勞神的狀態，王德玄認為會對兩方的身心及關係也影響極大：

孩子方面

- **局限成長空間：** 若家長只專注孩子的學業成績，要求他們用大量時間補習或補底，會令子女的成長空間變得狹窄，既難以發展其他興趣及專長，又局限了對生活的探索。

- **自信心低：** 若經常被家長催迫學習，孩子會變得被動，削弱獨立思考能力，例如為讀而讀，而不深究真正的讀書原因。孩

子的自信心會相對較低，即使獲得好成績，也覺得是靠父母催迫、靠補習，並非自己的功勞。

- **性格退縮**：對於讀書能力不強的孩子，若面對家長時常催谷，性格會變得懦弱及退縮，對學習失去興趣，嚴重的話會逃避上學。
- **情緒問題**：若長期處於緊張狀態，孩子容易出現焦慮或抑鬱，甚至誘發情緒病。另外，有些孩子會因而反彈，挑戰父母權威，如「為何我要聽父母的話？為甚麼要讀書和考試？我不做！」等，影響親子關係。
- **影響同齡社交**：若家長拿孩子與同學比較，例如説「某同學比你高分！」，除了會令孩子不開心，亦容易令他們產生妒忌心態，導致不喜歡某同學，影響同齡社交生活。

家長方面

- **神經繃緊**：家長催迫子女，容易令自己的神經緊張，過份着緊子女，會令家長的重心全部投放於子女身上，一旦子女的成績或是表現稍有差池，家長便會覺得天垮下來。而且，家長認為催迫的出發點是為子女好，若子女達不到理想的期望，容易令家長感到心灰意冷。
- **情緒起伏**：有些家長經常憂心子女的學業，但找不到適當抒發的渠道，亦甚少向別人傾訴，平日在人前多壓抑情緒，容易患上抑鬱。亦有些家長面對子女時容易煩躁，若子女不聽話，家長會十分激動，甚至體罰子女。
- **產生補償心態**：有些家長知道催迫子女操練、補習，以及從中觸發的打罵行為其實有問題，並會感到內疚，故容易產生補償心態，例如若子女考得好成績或是得到獎項，就送名貴禮物、滿足慾望等。

過度催迫 搞散頭家？

　　家長希望子女成材，日後擁有較舒適的人生，故從孩子小時候起便着意栽培。但王德玄指出，在催迫的家庭中成長的孩子，親子關係會較疏離，例如小朋友會覺得父母只關心自己的成績和表演，而不是真正關心自己。同時，若父母之中其中一位着重子女的學習，通常較易忽略另一半；若伴侶之間對教育子女的意見不一致，更容易造成衝突，影響夫妻關係。有些家庭與長輩同

住，若兩代之間對栽培孩子的意見不同，甚至會影響兩代關係。

一切從鼓勵開始

家長怎樣才能給予適當壓力及期望，同時兼顧子女的愉快成長？原來方法十分簡單。王德玄表示不論孩子年紀多大，若家長能多鼓勵他們，除了能提升子女的自信，更能提高他們對學習的興趣。他又提醒家長，宜回憶當子女出生後，從懂得轉身、爬行、站立、走路及說話等，也是以積極的態度支持孩子；但隨着孩子漸大，入讀學校後，家長會否只留意孩子的錯處、只覺得孩子做得不夠好？「即使孩子所能做到的事情，成就很少也好，家長若能鼓勵他們，孩子就覺得自己有能力做到。」

按年級規劃學習模式

每位孩子總有其優點，王德玄認為家長在緊張子女學業的同時，應相信孩子的能力，「家長時常擔心子女成績落後於人，但孩子的學習能力部份遺傳自父母，若父母本身的能力不差，小朋友也不會太弱。」他又建議家長可按孩子的年齡，規劃不同的學習模式。幼稚園至初小的學生，宜以愉快學習為主，多與同儕透過有趣的學習活動，培養孩子的學習興趣，讓他們從玩中學習；當孩子升上高小後，才提高學習的強度，為升中做準備。孩子自小建立了成功的學習經驗，對學習感到興趣，自然能持久學習，並擁有自學的心。

專家寄語：成為孩子的啦啦隊

子女成長有如一場馬拉松比賽，當中講求毅力、體力、信心，以及對馬拉松的熱愛；只要孩子對自己有信心，喜歡正在做的事，就會有毅力堅持下去。有些選手在初段跑得快，但至中段用盡力氣，無法堅持下去；有些選手雖然起步慢，但有信心接受挑戰，不怕漫漫長路，就能跑至最後。為選手打氣的啦啦隊，說的都是鼓勵的話。家長若能成為孩子人生中的啦啦隊，為他們拍掌、加油，對其成長能起重要的正面作用。

父母的支持能讓子女有意志繼續努力下去。

家長識放手
讓仔女飛

專家顧問：王美玲/資深註冊社工

　　現在很多父母都是緊張大師，對孩子過份保護，但若果不懂適時放手，孩子就不可以真正長大，放手其實是為了讓孩子可以成為一個獨立自主、負責任的人。本文我們請來專業社工與家長分享，家長放手對小朋友成長的重要性。

家長過份介入

　　家長緊張子女的成長實在無可厚非，但現在有不少家長對孩子過於保護，也處處為孩子下決定。香港是一個講求效率的社會，很多父母的心中有一套成功的方程式，希望能夠套用在自己的孩子身上。資深註冊社工王美玲表示，每個人都希望事情能夠在自己的控制範圍之內，這正正是很多家長的心態，希望孩子可以按照着他們的要求來做，以達到他們心目中預期的結果。

唔放手 有乜問題？

　　王美玲指出，其實現今很多家長不願放手的現象，均十分普遍。她舉了以下2個常見例子，說明父母不願放手對孩子所造成的影響。

　　例子1：有時父母接到孩子從學校打來的電話，說忘記了帶東西，要父母趕快送去。大部份父母為怕孩子受責罰，都會趕快送去。王美玲表示，孩子忘了帶東西，如果每次都幫他們送去的話，他們不會記住自己忘了帶東西所帶來的後果。相反，若果家長不幫忙，放手讓孩子被老師處罰；幾次以後，孩子就不敢再犯了，否則他們將永遠學不會對自己負責。

　　例子2：小朋友在學校跟同學有爭執是很正常的事，但很多家長只聽了自己孩子的片面之詞後，就跟老師投訴，並把責任歸咎於其他同學。王美玲表示，這樣孩子不會覺得自己有問題，將來也會很依賴父母或其他人幫忙解決問題。

　　王美玲表示，父母不願放手，長遠來說會令孩子依賴成性，而且自我照顧能力不足，也欠缺解難能力和責任感。另外，如果父母常常協助孩子下決定，會讓他們失去自己的想法，沒有獨立思考的能力，面對挑戰時可能感到難以適應。

學習放手4部曲

　　家長要逐步放開控制權，其實並不容易，但這個過程可以培養孩子的能力感，有助於孩子建立自信與發展勇氣，並培養他們的解難能力，為他們日後追求獨立自主的人生，奠定良好基礎。以下，王美玲會教家長如何鬆開手，讓孩子一步步成長：

家長應讓孩子盡情地嘗試，即使失敗了也會有所得着。　　　　　　家長應肯定孩子在過程中所付出的努力。

第1步：肯定孩子的能力

　　家長首先要調整心態，明白不同階段的孩子，有不同的能力，家長可透過日常生活的觀察，以及與孩子傾談時，了解他們的潛能，並給予支持與肯定。

第2步：允許孩子嘗試

　　當孩子有動機去嘗試和處理事情，家長便應該讓孩子去做。對於幼兒階段的小朋友，家長可以從簡單的日常生活自理開始，按照孩子的成長進度，要求他們獨立地完成一些事情，例如是自行穿褲子、吃飯、上廁所、梳洗及收拾玩具等。在鍛煉自理過程

中，孩子可以學習面對挫折和解決困難，並有機會展現自己的能力，可增加他們的自信心。面對孩子逐漸長大時，家長也可逐步放手，讓他們嘗試更多的事情。

第3步：從錯誤中學習

在放手的過程中，家長必定要先允許孩子嘗試錯誤，並接受失敗。因為孩子可以從中學習到為自己主張和解決問題的能力，以及為自己的選擇或行為的後果負起責任。即使結果並不是家長所預期的，孩子也會透過反覆的嘗試及實踐後，不斷累積經驗，他們處理事情的技巧，也會慢慢地變得純熟，為將來的性格及心理發展建立良好的基礎。

第4步：給予選擇空間

王美玲表示，坦誠的溝通是最為重要的。家長可以引導孩子解決問題，並給予他們較大的選擇空間，特別是對小學階段的孩子，從而讓他們自己學習解決問題。例如是孩子功課沒做好卻一直在看電視，父母就會一直在一旁催促，雖然孩子完成了功課，但他們卻不知道自己的問題所在；假如家長嘗試讓孩子自己安排時間表，或許結果仍未如理想，但孩子發現自己因安排失當而導致欠交功課，要承擔被老師責罰的結果時，他們就會知道自己的問題所在，從而學會承擔責任。同時，家長應欣賞孩子解決問題的動機，並可與孩子多溝通，共同檢視他們所選擇的解決方法，從而作出改善。

家長向孩子灌輸正確的價值觀，並應鼓勵孩子的正面行為。

家長放手有乜準則？

王美玲認為，除了涉及孩子的安全問題，否則基本上所有事情，家長也可以讓孩子嘗試。但她提醒若孩子年紀小，仍很需要父母的引導。在管教上，家長亦需要訂立清晰的規則，向孩子灌輸正確的價值觀，並應鼓勵孩子的正面行為。

大讓細
提防讓出恨

專家顧問：梁翠雲/資深註冊社工

點解咩都
要我讓！

　　「你做大嘅就讓吓細佬妹啦！」這句台詞相信不少家長也聽過，甚至是説過。年長的孩子禮讓年幼的孩子，聽起來似是合理，但其實小朋友的內心在想甚麼？若時常要求年長的孩子一味禮讓，他們會否出現越讓越反感？資深社工將為大家分析以上問題，並提供教養建議，使手足之間有更美滿的成長。

「大讓細」觀念從何來？

孩子在成長的時候，若能有手足相伴，共同扶持，相信是不少父母的心願。但有時在相處方面，難免會起爭執，家長在管教時，可能會不經意地說出要「大讓細」。資深社工梁翠雲表示，這種觀念出自中國傳統價值觀，例如「長兄為父」，較年長的孩子要照顧弟妹，甚至在必要時有所犧牲。譬如說上一代會為了供養弟妹讀書而放棄升學機會，盡早投身社會工作等。但時至今日，社會環境改變，若只要求兄姊禮讓弟妹，大孩子通常會有微言，久而久之甚至會造成各方面的矛盾。

禮讓弟妹讓出恨？

和諧共處的家庭關係當然是理想不過，梁翠雲指現今父母一般較為開明，向子女提出要「大讓細」的背後原因，通常是希望大孩子能夠從中學習愛護幼小。然而，站在孩子的立場來說，弟妹的年紀與兄姊可能只相差一段小距離，對大孩子來說，彼此的關係是對等的，應該講求公平。若果與弟妹之間發生衝突，而父母卻只要求自己要禮讓，會令大孩子感到委屈、不忿，並引伸出不喜歡弟妹的情緒；且由於他們認為父母處理不公正，甚至會對全家人也有微言。

梁翠雲續指，由於弟妹看見父母每次也幫自己，會容易恃寵生驕，在大人面前繼續其行為；大孩子有冤無路訴，這種情緒累積下來，他們可能會在父母背後欺負弟妹。如此一來，父母最初的原意無法實現，甚至會弄巧反拙，令大孩子越讓越不滿，無助建立手足之情。

父母的反省

不論是年長抑或年幼的孩子，梁翠雲表示他們同樣重視父母是否公平，尤其是父母的愛是否公平。孩子的性格若屬大情大性，此情況可能沒那麼明顯。但孩子若屬於較敏感的類型，便更需要父母較多的肯定和愛護。故此，家長需注意平日在處理手足衝突時，是否只責罰年長的；或是因弟妹年紀較小就「乜都得」，年長的孩子會認為父母只疼愛弟妹而不愛自己。此時年長的孩子就會用自己的方法刻意爭權，而其中最常見的就是爭寵。

家長應多欣賞年長孩子的能力，有助手足之間的感情融和。

處理衝突：最緊要公平

　　若孩子發生衝突，例如爭玩具、食物時，應該怎樣處理？梁翠雲表示，家長應以公平為大原則，令孩子之間懂得互相禮讓：

❶ 了解情況：若是爭奪玩具，家長可先向孩子了解情況。若是年長孩子先玩，家長可問年幼孩子：「你有沒有向哥哥／姊姊説想玩？」再請年幼孩子把玩具先還給哥哥／姊姊玩。

❷ 協議時間：家長應與孩子制定玩具使用的時間長度，例如「一人玩一次，每次玩15分鐘。」令孩子知道玩具是可以分享的。

❸ 突發情緒：若果年幼孩子鬧情緒，家長可抱他們至另一空間，再向年長孩子説：「是你先玩的，所以我會抱起弟弟／妹妹到另一地方，到了指定時間後才給弟弟／妹妹玩。」

　　以上方法能使年幼孩子明白並非哭鬧就能成功，亦可令年長孩子知道父母會公平對待自己和弟妹。但有時候，現實當然未能盡如人意，若果孩子之間爭持不休，梁翠雲表示家長宜先把玩具放在二人面前，然後説：「爸媽買玩具是希望你們玩得開心，你們想想有甚麼方法可以一起玩，否則大家也無法玩了。」教導孩子以恰當的方式表達，並告訴他們繼續相爭帶來的壞結果。

顧及大孩子感受

孩子之間懂得互相愛護，年長的陪伴年幼的玩耍，相信是父母樂於看見的情景。若果孩子之間年齡相距較大，例如5歲的孩子與剛出生的弟妹，父母投放於初生寶寶的時間通常會較多，無形中容易忽略了大孩子。梁翠雲建議家長應於平日多下工夫，例如在談話上多肯定大孩子，說：「你只有5歲，卻有能力做許多事情（舉出實際事例），爸媽很欣賞你呢！」而在時間分配方面，除了與年幼寶寶玩耍外，父母也要與大孩子有獨處的時間，以表達對他們的愛和重視。

溫馨提示：相處Do & Don't

家長要在生活之中達致公平，原來需要注意某些細節位置，梁翠雲舉出不同情景作事例，助家長能輕鬆處理手足關係：

預備出生

媽媽懷孕時，應與年長的孩子溝通

✓ 告訴孩子將來有弟妹與他/她一起玩耍、有人陪伴，亦會多一個人疼愛他/她。

✗ 以弟妹恐嚇年長孩子，例如說若頑皮就不疼愛年長的孩子，只愛錫弟妹等，令年長的孩子認為弟妹會與自己爭寵。

處理玩具

購買玩具作為禮物送給孩子時

✓ 各人獲得的數量宜相等，可按其年齡購買不同類型的玩具，或是喜歡的書籍。

✗ 厚此薄彼，即使年幼的孩子剛出生，有許多適合他們的玩具，家長也應送同等數量的玩具予年長孩子。

行街抱抱

弟妹年紀較小而需要父母抱着

✓ 宜向年長的孩子解釋「因為弟妹行得慢，若要自己行的話會花很多時間，所以爸媽抱他」；並讚賞大孩子「你行得很好呢！你有能力照顧自己，爸媽覺得很安心喔！」

✗ 只顧照顧弟妹而忽略年長孩子的心理需要，令大孩子感到不受重視。

兒童自殺
家長不容忽視

專家顧問：陳潔冰／臨床心理學家

　　香港社會生活壓力大，痛苦指數偏高，連小孩似乎也過得越來越不快樂。近年接連發生多宗兒童自殺的悲劇，由於事發突然，家人都難以接受，有些對原因更是不解，其實很多時候都是父母忽視了兒童背後無助的心聲，而造成遺憾。專家提醒家長要正視兒童自殺的危機，不要忽略孩子在自殺前的徵兆，並從小協助他們建立正面的價值觀，以積極的態度，面對人生中的困難。

死亡預告有跡可尋

　　兒童自殺大都經過時間的醞釀，陳潔冰表示，企圖自殺的孩子並不會主動表達問題，但多少都會釋放出想自殺的線索，假如家長能夠提高警覺，認真對待孩子發出的信號，便有助防止慘劇發生。家長可從孩子的情緒和行為兩方面，辨認出他們自殺的徵兆：

情緒方面

- 表現抑鬱、頹喪、冷漠或煩躁
- 表示感到自己無用、內疚和絕望

行為方面

- 在日記、作文或社交網站的內容中出現與死亡、自殺有關的文字
- 向別人透露輕生的意圖甚至計劃
- 無故與親友話別，並把心愛物品送贈他人
- 學業成績退步，變得無心向學
- 自我孤立，逃避與人交往
- 對平日喜愛的事物或活動完全失去興趣
- 睡眠及飲食習慣改變
- 出現自毀性行為，包括刎手、突然衝出馬路、濫用酒精或藥物等

兒童自殺個案 有上升趨勢

　　逢9月新學年開始不久，不時會有學生自殺身亡，在社會上敲響了警鐘。根據兒童死亡個案檢討委員會在2015年7月發表的研究報告顯示，發現2010至2011年度的87宗兒童非自然死亡個案中，以自殺案佔最多，共有35宗；而最年幼的自殺兒童，更只有10歲。

孩子為何自殺？

　　孩子的世界單純而美好，理應感到無憂無慮，為何會萌生了結生命的念頭呢？臨床心理學家陳潔冰指出，兒童尋死未必因為單一原因，孩子自殺主要源自於對未來感到憂慮。在孩子的成長過程中，難免會面對學習困難、考試壓力、朋輩相處、家庭或戀愛等問題，尤其青少年更要應付成長期間各種挑戰。部份孩子在

若孩子的性情和行為出現了變化，家長要加倍留意。

人際層面未能建立足夠的支援網絡，性格較孤僻和悲觀，未能積極面對挫折，缺乏解決問題的能力，不懂得控制和宣泄個人的情緒。如果他們得不到家長、老師和朋友的接納和諒解，可能會出現情緒問題，甚至有輕生的念頭，一時衝動傷害了自己。

自殺3大迷思逐個擊破

由於社會上對自殺這個話題仍然很避忌，以致家長對此存有不少的誤解。以下，陳潔冰會為家長打破有關自殺的迷思，教家

長如何以正確的心態，面對兒童自殺的危機。

迷思1：孩子不會也不懂得如何自殺？

　　大部份家長均認為兒童不知道死亡是結束，更加不懂得如何自殺。但其實孩子一旦有自殺的想法，他們將會執行，且他們也懂得如何結束生命，尤其是現在資訊發達，很多孩子都有機會接觸到關於自殺的新聞，「有樣學樣」亦非難事。家長要知道孩子是知道自殺是怎樣的一回事，而且有付諸行動的可能，所以家長要多加留意經常發生「意外」的孩子，那些意外可能是企圖自殺的先兆。

迷思2：談論自殺會增加孩子自殺的機會？

　　很多人認為如果和孩子談論自殺，可能會向他們灌輸了自殺的想法，其實不然。傳媒對自殺新聞過份渲染，對死亡、自殺行為的歪曲或誇張報道，對兒童會有負面的影響。與其讓孩子從不同渠道接收有關自殺的不正確信息，讓他們誤以為自殺是解決問題的方法，不如及早糾正他們的觀念。家長不妨以開放的態度，多與孩子探討死亡的問題和生命的價值，了解他們對自殺的看法。家長可利用自殺的新聞作為反面教材，教導如何正確處理自己或朋輩的自殺念頭和尋求協助等。

　　若家長對這類話題感到難以啟齒，亦可選擇以繪本故事，與孩子談生死。透過包含不同主題如認識情緒、認識死亡和品德教育的繪本，家長能以生動而淺白的方式，讓孩子理解生命的意義，以及對待人生應有的態度。

迷思3：經常嗌自殺的人不會真的去做？

　　當孩子透露尋死的想法時，很多家長都會認為他們只是說說而已，很難相信孩子真的會自殺，例如孩子說：「如果你不讓我玩電玩我就自殺」或「我真希望我死了，那麼我便不用再溫習了」到底是真是假？孩子發出的信息有時確實是很難判斷，但會發出自殺信息的孩子，是希望有人聽、有人在意，所以家長就更加要認真對待。

　　當孩子說「想死」時，家長首先要冷靜，不要把焦點放在死字上，而是要明白他們所遇到的困難，並了解他們口中「死」的意義，到底只是一種比喻的手法來形容他們正在面對的難關，還是他們已經有具體的想法，如從幾多樓跳下去便會死。如果他們

家長平時要多與孩子傾談，從中引導他們以積極的態度面對困難。

有這樣的想法，代表他們會思考、計劃並逐步完成自殺的企圖，是一個很清晰的警號，讓家長正視問題的嚴重性，有需要時可尋求專業社工或心理學家的協助。

家庭教育4法則

預防勝於治療，其實要防止孩子走上輕生之路，陳潔冰指出，不可以在他們表現異常時才做，而是應從家庭教育入手，從小向他們灌輸生命教育，學習以正面的價值觀面對人生中的每一個難關。

❶ 一起感受生命的美好

要教導孩子不要輕易放棄生命，家長要讓他們明白生活是一件很美好的事情。首先家長要以身作則，檢視一下自己的生活態度，嘗試降低對孩子的要求，在生活中發掘值得開心的小事，例如可跟孩子說：「今天可以一家人一起吃早餐，真好啊！」學習欣賞生活中的各個小細節，讓孩子知道快樂就在身邊。

❷ 成為孩子的傾訴對象

孩子需要一個可以信賴的人，去擔當他們的指路明燈，分擔他們的困難。因此，父母要肩負起打開心扉的角色，平日需多關心子女，盡量抽時間跟他們溝通，讓他們知悉有困難時可找父母傾訴，以及父母是會無條件地接納和支持他們的。家長亦要從孩子的角度去看事情，不要一開始就否定他們的看法，而是嘗試明白他們的經歷，與他們一起面對難關。

❸ 鼓勵宣泄情緒

若子女過份壓抑他們的情緒，就像一個被壓迫的氣球，終有爆破的一天。當過份抑壓的情緒遇到誘發事件時，孩子可能會以自殺的行為去尋求解脫，所以父母要協助孩子認識負面情緒，並鼓勵他們把情緒表達出來，以防止負面的想法越積越多。

❹ 尋找解決問題的方法

家長要讓孩子知道，人生是充滿困難的，同時需引導孩子思考解決問題的不同方法，教導他們面對失敗。家長應避免過份保護孩子，而是提供機會讓兒童學習解決困難，以提升他們的抗逆能力。當孩子知道遇到問題的時候總會有解決方法時，便不會輕言放棄生命。

防仔女綁架
要識自保

專家顧問：張大偉/資深私家偵探

　　早前一名9歲男童喺九龍塘區獨行時，差啲畀綁匪綁架，好彩最後啲匪徒畀差人叔叔拘捕咗。各位小朋友好似我咁，唔想成為綁架目標，應該要點做呢？Daddy、mummy話要請教私家偵探，教我自保嘅方法！

返放學是高危時間

資深偵探張大偉表示，大部份被綁架的小朋友案件，都是在他們上、下課期間發生；九龍塘區是豪宅和學校林立的地區，故容易吸引匪徒找尋目標。此外，他指出有九成綁架案在發生前，匪徒都會先進行「踩線」，了解目標人物的生活習慣，以及上、下課路線，然後才等待機會。因此，獨自上、下課的小朋友，便成為高危一族，因為匪徒只會捨難取易，若小朋友沒有警覺性，便很容易成為匪徒的目標。

防人之心從小教

我們經常教導小朋友要和陌生人打招呼，才是有禮貌的小朋友。然而，張大偉卻提醒家長，小朋友思想單純，所以有需要清楚地告訴他們，應該在家長或親人陪同下，並經成年人指示，才和陌生人打招呼，以免墮入騙徒的詭計。若獨自或和傭人在街上遇有陌生人搭訕，更應小心提防，切勿輕易跟隨別人。同時，家長應從小教導小朋友提高警覺的常識，除了要小心居所門窗，外出時亦要留意，例如貴重的財物要放好、背包的拉鏈要拉好，以及小心保管自己的財物等。

提防被綁6招

要提防小朋友被綁架，最重要是家長和小朋友均需提高警覺的意識，以減低成為匪徒目標的機會；以下是張大偉提供的6個防綁招式，家長應該留意：

第1招：提高警覺

家長應從小提醒小朋友要小心保管自己的私人物品，這種教育有助他們多加留意四周，自己的財物有否遺失，以及是否已將自己的私人物品帶走，亦有助提升他們的觀察力。萬一發現有人連日跟蹤自己，亦要第一時間通知家長。

第2招：財不可露眼

小朋友很喜歡向同學炫耀自己的財富或玩具，卻沒有考慮可能被不法之徒看見或聽到，因而成為了匪徒的下手目標。因此應避免讓小朋友帶貴重的物品外出，以免增加他們成為匪徒目標的機會。

小朋友外出必須向家長清楚交帶行蹤

第3招：避免獨行

由於匪徒喜歡捨難取易，單獨行事的小朋友較容易成為匪徒的目標。家長應盡量安排成年人陪同小朋友出入，否則可相約兩、三名同學一同上學或前往補習，以增加匪徒「落手」的難度，減低被綁的機會。

第4招：交帶行蹤

父母應從小教導小朋友要清楚交代自己的行蹤，亦應盡量預先通知小朋友自己的接送安排，避免經常變動。若小朋友獨自或約了同學外出，要清楚告訴父母前往的路線和方法，萬一失蹤亦能按路線第一時間在附近搜尋。若有陌生人或親友表示父母因事而未能接送自己，小朋友要打電話向父母求證，切勿輕信陌生人。

第5招：提防陌生人

家長應讓小朋友有意識地防範陌生人，若沒有家長在旁或作出指示，小朋友應避免和陌生人交談，更不可被糖果、金錢或玩具吸引，而隨便跟隨陌生人到其他地方，特別不可飲用陌生人提供的飲品，以免喝下有安眠藥的飲料而失去知覺。

第6招：慎用社交網絡

許多家長都喜歡將子女的生活照片上載社交網站，然而家長要留心，切勿將小朋友的所有生活習慣、行程或個人資料公開。因為一旦被不法之徒盯上，他們可輕易獲取小朋友的行蹤，間接幫了匪徒一把。

匪徒會捨難取易，若有成年人陪同小朋友，會增加匪徒下手的難度。

被綁架 3個自保法

　　無論是成年人或小朋友都知道，大部份綁架案匪徒能成功拿取贖金並逃脫的機會是非常低。因此，家長可提醒小朋友，萬一遇上綁架，應以自保為前提，減少反抗和掙扎，並要留意以下3點：

- **冷靜等待**：為避免觸怒匪徒而招致皮肉之苦，應盡量保持冷靜，耐心等待警方營救；
- **留意特徵**：若有機會應留意匪徒外貌特徵，包括身高、身體和面部特徵，日後可協助警方拼圖及進行認人的程序；
- **勿胡猜測**：許多綁架案都是由熟人所為，若小朋友被綁時，發現綁匪是親人或認得其聲線，切勿表露，以免招致滅口。

停課不停學
仔女點自學？

專家顧問：李淑輝/資深註冊社工

　　停課期間，子女長時間留在家中，媽媽要完成家務的同時，小朋友也有自己的網課，然後要完成功課。因為要兼顧許多，家長都希望子女可以自動波學習，奈何小朋友的專注力有限，在沒有規管的情況下，不只難以自行完成功課，更可能因長期在家而打亂了作息時間。家長可如何提高孩子的專注力，讓他們自動波學習？本文資深註冊社工為我們分析。

家長可試着和孩子一起做家務，教會他們自理的技巧。

維持正常作息

要維持孩子的正常作息，家長可以試着為孩子訂立一個時間表，讓他們的時間分配更有規律。值得注意的是，在制訂前必須要和家人一起商議，因為照顧者需要幫忙配合執行。時間表的內容可參考學校原有的時間表，除可讓孩子維持平日的作息，許多學校在停課期間都會配合網上教學，大部份都會參考本身的教學進程，此舉讓孩子的生活也可配合網上教學的需要。

學業以外，時間表中也要加入各種必要的元素，包括用餐、休息、運動及自由玩等。休息的時間包括孩子在不同活動之間的小休、午睡及晚上入眠和早上起床的時間。家長切忌因為學業關係而忽略了孩子的玩樂時間。對孩子來説，要進行一整天的活動，自由玩的時間是他們最主要的推動力。讓孩子放鬆並不代表懶散，反而是紓壓的渠道，讓他們可繼續努力。

iPad教學要小心

資深註冊社工李淑輝表示，現時的網上教學令孩子少不免要接觸各種電子器材，令家長多了一重擔憂。如果孩子有需要使用

家長切忌在孩子專注時不斷插話，此舉容易令孩子無法專心。

電子產品，家長應先清楚了解孩子的使用目的，並從旁監察。家長可從三方面入手，第一是使用的時長，一般學校的教學都不會佔用太長時間；第二是瀏覽的內容，要留意是否有教育性或趣味性，是不是用於教學用途；最後是如何使用，以及由誰在旁監察。家長不可過份依賴孩子有限的自律性，現今孩子大多有優良的電腦技巧，懂的項目比家長要多，家長難以預測他們會如何使用，所以更要由家長從旁監察。

培養主動學習

要孩子長時間專注學習，本來就非常困難，要孩子自動波學習，可說是難上加難。為了令他們更投入學習，家長可參考以下4個建議，試着提升他們對學習的興趣：

建議1：簡潔環境

孩子的專注時間較成人短，要讓孩子專注學習，家長必須為

他們提供一個比較簡潔的環境。因為他們比較容易分心，如果想讓孩子專心，就要先把其他誘惑清理。例如在溫習的時候，不要把玩具放在同一個空間中，否則會容易被吸引。為孩子選購文具的時候，家長也要注意，千萬不要為他們買過份花巧的文具，文具數量只要足夠便可；否則以孩子無窮無盡的創造力，他們隨時都可以把文具變成玩具。不過，學習環境也不可過份安靜，因為鴉雀無聲的環境，可能令孩子倍感壓力，而造成反效果，讓孩子對當下的工作反感，可試着容許一些細小聲響的存在。

建議2：增加吸引力

孩子不願完成功課的最大原因，是對他們而言功課非常沉悶，幾乎沒有任何吸引力。為此，父母可以試着增加功課對孩子的吸引力。作業是安排好的，要如何令它們更吸引？李淑輝表示，家長不一定要使用獎勵的方式，可利用有趣的教學方式吸引他們。家長可利用平日孩子感興趣的事物，例如橙、花生、衛生紙等教學，可以它們作比喻，也可以用作算數的工具。家長也可以用遊戲的形式推動孩子工作，如果家中有多於一個孩子，可以在做功課時讓他們比賽，看誰可以更快完成；也可以在做家務時和媽媽比賽，看誰更快完成自己的工作。

建議3：偶爾小休

李淑輝認為在學業處理上，孩子無法在短時間內處理太多事情，家長切忌過於心急，而把所有事情堆在同一時段中。以兩小時要完成中文、英文及數學的功課為例，對孩子來說已是過多，孩子的專注時間較短，家長應在不同學科之間設立間隔，讓孩子小休，否則他們極容易分心。小學課程大部份約35分鐘便會轉堂或小休，幼稚園的間隔更短，便是參考了孩子的專注時間。故家長訂的小休時間可在5至10分鐘之內，在小休之前要先和孩子進行君子協定，例如不可玩電話、不可外出等，即使小朋友跑跑跳跳也可，因為是釋放能量的方式，只要孩子不違要求，李淑輝建議家長可讓孩子自由活動稍稍放鬆。

建議4：明白自己責任

許多家長不一定可留在家中照料子女在停課期間的學習進度，在這情況下，孩子的自律性非常重要。家長可選擇在外出工作前，先為孩子訂下時間表，讓家中的傭人或長輩幫忙推行，也

可告訴孩子回家以後父母會檢查他們的功課，並詢問家人他們的表現，以作出一個遙距的監控。明白許多孩子即使如此也不會自律的工作，家長在交下工作前，可仔細向他們說明自身的責任，讓他們明白沒有完成功課的後果並不在父母身上，孩子將來必須自行向學校交代。在了解到自己的責任以後，許多孩子都會主動完成自己的工作，甚至加快速度完成。

提升專注力3大法

孩子專注力不足一直都是讓許多家長頭痛的課題，事實上只要提升孩子的專注力，要他們自動波學習並不是一件難事，可是要如何培養？社工李淑輝表示，這要從小時候開始訓練，以下是提升專注力的3個方法：

方法1：善用電子產品

許多孩子在面對遊戲機的時候，專注力比平常要高，原因是大部份電子產品都在播放動態的畫面，不同的畫面不斷刺激孩子的感官，自然較一般靜態的工作有趣。如果家長長期讓孩子接觸電子產品，甚至當作孩子的電子奶嘴，孩子更無法專注在單一靜態的工作上，在要求孩子安靜地工作時，孩子極可能出現分心，或無法坐定定的情況。因為孩子已習慣在不斷的光源刺激及動態事物下才能專注，在上課時反而難以安靜下來。此外，孩子的情緒也容易受情緒挑動，因電子產品過於方便，可輕易完成各種任務，他們的忍耐力也會大大下降，任何事都希望盡快完成。

學習小貼士：利用生動主題

李淑輝認為孩子在家停課的期間，家長可以生活中常見的事物教導他們。有三種方式可給家長參考，第一種是和孩子一起做家務，這種方式主要針對年紀較小的幼童，讓他們透過參與各種家務，學會更多自理能力，這也是許多幼稚園所着重的。第二種是可趁停課作品格教育，由於孩子平日的學業較為繁忙，很多時品格教育容易被忽略。而家長可以可愛有趣的短片或卡通片教會孩子，讓他們可在輕鬆的氛圍下學習。最後，除了常規的學科，家長也可趁機讓孩子鑽研自己喜愛的課題，投其所好準備相關資料，並鼓勵他們搜集資料，建立他們在學習方面的興趣。

家長應盡量避免讓他們過早接觸智能產品

方法2：減少分心情況

　　孩子專注在一項活動時，最忌一心二用的狀況，因此一旁的家長也要幫忙營造一個可以專心的環境。以玩玩具為例，當家長讓孩子玩樂便要試着讓他們集中，不要給予過多的關心，因為孩子也可能因此而分心。部份家長在孩子工作的時候，習慣性地給予不同的意見，可能家長的出發點是希望最後呈現的結果更好，可是這卻會造成孩子的分心，盡量不要在孩子專注的時候滋擾他們。家長可在孩子完成以後才給予意見，或是在孩子稍為停頓、自行休息的時候才試着誇讚，這些時機必須平日多多留意，才可從孩子的習慣中發現。

方法3：玩樂中學習

　　李淑輝直言玩樂過程較易訓練孩子專注，因為孩子都喜愛玩耍，玩樂時，他們可以進行自己喜愛的事情，自然因其吸引力而非常集中。因此家長可試着從他們喜愛的事物入手，先讓他們明白專注是怎樣的。面對不同年齡的孩子，她建議家長可用不同的遊戲訓練孩子，以幼稚園的學生為例，家長可以多和孩子閱讀圖書，和他們一起看看他們感興趣的故事，只要他們喜愛閱讀，已可訓練他們專注於靜態的事物上。對於已升上小學初部的學生，李淑輝則建議家長可和孩子多玩桌遊，特別是棋類遊戲，因為孩子只要分心便會輸，所以可好好利用他們的勝負慾訓練其專注力。

湊 B 問題
同長輩有衝突

專家顧問：王美玲/資深註冊社工

　　香港有不少雙職父母，工作繁忙，除了依靠外傭照顧孩子外，也會交託給自己的爸媽照顧。祖父母有照顧孩子的經驗，比外傭更疼愛孩子，但有時候，兩代對於照顧及管教孩子的看法未必一致，遇到這情況，可如何正確處理？本文社工會教家長如何在湊小朋友的問題上，與長輩溝通。

家長與長輩溝通時，要平心靜氣。

3大湊B衝突源頭

不少新手父母都會請長輩幫忙照顧寶寶，資深社工王美玲表示，兩代之間成長背景及價值觀不一樣，容易造成以下3大溝通難題：

❶ 照顧安排想法不一

兩代之間對照顧小朋友的想法各異，上一輩奉行「天生天養」，這一代的家長則要及早準備，更會看很多育兒書籍作參考。例如現代家長重視小朋友的飲食健康及營養，對於小朋友可以吃甚麼，不能吃甚麼都有規定；但祖父母則會較寬鬆，認為甚麼都可以給小朋友吃。又例如媽媽要用奶樽消毒器清潔奶樽，但奶奶卻堅持不用奶樽消毒器，而是選擇用熱水消毒等。這種在生活習慣上或照顧安排上想法不同，容易造成兩代之間的磨擦。

❷ 過份溺愛孫兒

祖父母的身份與父母不一樣，管教是父母的責任，而祖父母則會將照顧和呵護孫兒放在第一位，令很多父母都覺得祖父母對孫兒沒有甚麼要求。有時父母即使自己訂下了一些管教的原則，祖父母卻不會嚴格執行，亦較為縱容，導致孩子出現行為問題，令家長煩惱不已。

夫妻之間也要好好溝通，協助改善與長輩間的關係。

❸ 固執祖父母屢聽不改

　　每個人的想法和行為都會受性格和經歷所影響，這些思考模式和處事方法用多了會變成一種習慣，日子越久這些習慣就越難改。不少祖父母也會堅持自己湊小朋友才是正確，會干涉家長湊小朋友的方法，甚至作出批評。當家長重複地向長輩解釋各種管教技巧及原則等，老人家仍然很固執，不聽也不改，便會造成衝突。

與長輩溝通秘技

❶ 平心靜氣真誠溝通

　　即使對長輩的行為感到不滿，建議家長亦要先處理自己的情緒，千萬不要説長輩的不是。因為如果一開始便先指出其錯誤或作出埋怨，會很容易引起衝突。家長應注意用詞和語氣，並選擇適當的時機，如長輩心情佳時，平心靜氣地與他們進行討論。現在大多數長輩的思想都比較開通，而且明白事理，如果事先協

議，通常問題不大。

❷ 細節不能強求

　　長輩有多年的育兒經驗，將自己的孩子湊大成人，其實也有自己成功原因，家長不要太堅持自己的一套，只要訂出一個大方向，執行的細節不要強求。有時候，長輩親力親為照顧孫兒，反而知道哪一套行之有效。例如父母會覺得孩子放學後回家要立刻做功課，而不是到遊樂場玩，但其實公公婆婆讓孫兒先到遊樂場釋放精力，做功課會更加專心。這樣因材施教，反而更加實際，家長要和長輩按照小朋友的需要，制訂管教的方向。

❸ 以孩子為討論核心

　　家長要明白長輩帶着以前的經驗去照顧孫兒，動機是出於好意，所以家長首先要肯定和感謝長輩的幫忙，然後誠懇地講出自己的難處。在溝通的過程中，家長宜以孩子為討論核心，向長輩解釋孩子出現了甚麼情況。大部份的長輩都疼愛孫兒，所以如果討論的主題是圍繞怎樣才是為小朋友好，長輩和家長之間會較容易達到共識。

❹ 管教方式要一致

　　如果家長和長輩教導孩子的方式有差別，很容易令孩子無所適從。管教的界線不清晰，他們會不知道應該跟隨長輩的心意，還是聽從父母的話，長遠來說會令他們缺乏安全感，所以需要所有孩子的主要照顧者的配合，管教方式要一致，才最有利孩子成長。

伴侶的中介作用

　　伴侶與老人家因為管教孩子的問題而發生爭執，可能會令你覺得不勝其煩，希望置身事外。但他們之間的爭執，不單止是他們的問題，而是整個家庭的事。王美玲表示，面對與上一輩的衝突時，由自己以第一身身份充當調停人的角色，跟自己的父母作討論較好。以婆媳糾紛為例，當自己的妻子和媽媽出現磨擦時，若丈夫能以第一身身份跟父母作討論，即使說得不好，長輩也會較容易原諒，這種做法能減少長輩對媳婦產生誤會，繼而增加彼此之間的衝突。丈夫對婆媳雙方的性格瞭如指掌，如果能在彼此之間周旋，有助令婆媳關係變得越來越好。

Part 3

教養子女的方法各師各法，本章有十多個方法，
可讓家長參考。而本章的特色，是附以漫畫形式，
有些用畫圖，有些用真人拍攝，每篇文章都有 3 個
不同情景，務求以輕鬆表達，令家長易於吸收教養之道。

兄弟姊妹
化解相處衝突

專家顧問：黃超文/聖雅各福群會家庭及輔導服務高級主任

　　父母都希望自己的孩子能夠相親相愛，不過兄弟姊妹的關係是既親密又容易引起衝突，「一日一小吵，三日一大吵」，算是司空見慣之事。父母的調解和引導也需要特別謹慎，因為若沒有處理好，可能導致孩子從幼年時期便與兄弟姊妹無法和睦相處。以下，專家會就3大常見的手足相處衝突，為家長提供解決方法。

衝突1：乜都爭一餐

家長問：「兩個孩子經常都因為不同的原因而爭吵，很多時候哥哥在玩玩具時，妹妹又會想玩同一件，哥哥不給妹妹，她就會一手搶過來；或吃茶點時，哥哥選了飲品，妹妹也不知怎地想要同一款，我通常都會叫哥哥讓一下妹妹，但哥哥會很強硬。面對兩兄妹的爭執，我可怎樣處理？」

大讓細不是必然

專家解答：兄弟姊妹爭執或互搶東西是十分常見的情況，很多時候家長的處理方法，都是會傾向讓較年長的孩子遷就年紀較小的孩子。但其實禮讓行為與孩子的年歲無關，家長的着眼點應在物件的擁有權，以及大家應該遵守的規則。

引導孩子解決衝突

家長的立場要鮮明，即是家長要讓孩子知道搶東西是不恰當的行為，例如家長要讓年幼孩子明白，「這是哥哥的玩具，如果想要玩就要問哥哥，而不能強搶」。面對孩子間的爭奪，家長可以適時介入，尤其是8歲前的孩子，他們判斷是非和處理能力的事情有限，家長可給予指引讓孩子解決彼此衝突，以免年長的孩子主導結果。但隨着孩子逐漸長大，他們便越來越能掌握解決衝突的方法。

專家寄語：平日培養分享習慣

「如果較年長的孩子是在被家長威迫的情況下，作出禮讓的行為，其實並無意義，反而會令孩子心有不甘，破壞手足關係。所以建議家長平日要培養孩子互相分享的習慣，例如讓年長孩子明白弟妹可能只是想親近兄姊，才會有搶東西的表現，並讓孩子有較多照顧弟妹的機會，讓他們習慣與弟妹分享。」

衝突2：投訴父母偏心

家長問：「由於妹妹還不夠1歲大，我要多花時間照顧她的起居飲食，少了時間陪伴哥哥玩耍。我經常要餵妹妹吃奶、幫她洗澡等，忙個不停，哥哥總是喜歡在我最忙碌的時候，扭我陪他玩、講故事給他聽。如果我們不理會他，他就會說我們偏心妹妹，有時還會故意嚇妹妹，令我們頭痛不已，到底如何解決這個問題？」

肯定孩子的感受

專家解答：在弟妹出生前，孩子是家中的焦點，父母會將所有注意力放在他們的身上。但父母現在要花較多時間在照顧弟妹上，難免分薄了陪伴孩子的時間。所以面對弟妹的來臨，孩子一時難以適應，也屬正常的表現。父母可以肯定孩子的感受，讓孩子知道父母明白自己，並以行動表示對孩子的愛，如給他們一個擁抱、拍拍他們的肩膀，讓孩子感到溫暖，增加他們的存在感。

照顧弟妹建能力感

家長需要讓孩子明白弟妹也是屬於家庭的一份子，而且弟妹年紀小，十分需要父母的照顧，從而讓孩子知道父母並非忽略了他們。家長也可邀請孩子一起參與照顧弟妹，如幫忙餵奶、清潔枱面、扔垃圾等，讓孩子知道自己可以出一分力，減輕父母的負擔，也有助建立能力感，孩子漸漸便會願意去負起照顧弟妹的責任，並與弟妹建立良好的關係。

專家寄語：以言行表示一樣的愛

「父母對年幼孩子會給予較多照顧，容易令年長孩子覺得父母會因為弟妹而忽略自己，所以父母應預留專屬的時間，陪伴年長的孩子，令孩子明白父母對自己的愛，絕對不會因弟妹的誕生而改變。」

衝突3：互相比較競爭

家長問：「妹妹比較活躍，鬼主意多多，但偶爾會很頑皮；但姐姐則比較乖，能夠坐定定做功課，不用我們催促，故我們不時會讚賞姐姐，希望激勵妹妹的表現能夠好一點。但妹妹卻因而常常挑剔姐姐的錯處，如看到姐姐坐得不好或不專心，就會立即跟我們報告，好像有意令我們多留意她，我怎樣才能減少妹妹的競爭心態？」

避免比較孩子

專家解答：孩子的「競爭」心態，很多時候都是由家長而起，父母不必要的比較，會使孩子的衝突及差異變本加厲。父母應明白每名孩子都是獨特的，各有優點和缺點，家長不要被孩子表面的行為所影響，而影響判斷。如姐姐比較好靜，妹妹比較好動，本身並沒有好壞之分，但如果家長在妹妹面前讚賞姐姐能夠坐定定看書，便有指桑罵槐之意，會令妹妹感到難受，所以家長應避免在孩子面前，將他們進行比較。

讚賞要具針對性

其實孩子的個性和能力各有不同，當家長在一位孩子面前讚賞另一位，會容易激起孩子的嫉妒心，感覺被否定。家長可針對孩子各自的長處，具體地表揚他們，如讓他們知道父母肯定自己，並讓孩子學會互相欣賞。家長也可以讚賞兄弟姊妹共同的優點，從而加強手足間的連繫。

專家寄語：即場處理免累積不滿

「面對子女的爭執和衝突，家長應該即時作出處理，與孩子共同討論衝突的原因和過程，並協助子女排解情緒。而家長也應先處理好自己的情緒，避免使用過份激烈的説話，否則會影響孩子的自尊心。」

幼兒社交
有障礙點拆解？

專家顧問：廖李耀群/資深註冊社工

寶寶逐漸長大，是時候要探索家庭以外的世界。但孩子在與人相處上可能會面對不同的問題，如果他們經常哭喊、說話遲緩及害怕陌生人，想必會令父母很擔心。本文資深社工會為大家拆解幼兒的3大社交障礙，讓家長可以培育寶寶成為善於溝通、懂得表達的孩子。

社交障礙1：經常哭喊

家長問：「女兒踏入2歲，我發現她經常會因為不同原因而哭喊，特別是當遇到不如她所願的事情，她便會用哭去表達。如她不願意去收拾玩具時便會哭，或是有時候她想得到一些東西，但我們不准許時，她也會哭。我們會嘗試安撫她，她就會停止哭喊，但我覺得長久下去也不是辦法，也怕她太自我中心，可以如何糾正？」

用哭令要求得到滿足

專家解答：資深社工廖李耀群表示，其實2至3歲的幼兒已懂得簡單的語言表達，但可能他們的語言表達不太純熟，或者他們已習慣了用哭的方式去表達。很多時候小朋友哭喊，是希望能達到一些要求，如希望父母能給他們買心頭好，或希望能逃避一些責任。不少父母在這些情況下都會屈服，立刻滿足孩子的要求，容易讓小朋友得寸進尺，助長了他們的不當行為。這樣會令孩子覺得透過哭鬧，便能控制父母，令他們習慣以哭喊的方式去表達。所以家長的處理方式十分重要，如果父母能在孩子哭鬧時，不作出反應，有助令孩子明白哭是沒有用的。

教幼兒表達情緒

要改掉孩子經常哭鬧的習慣，家長自己首先也要心平氣和，並讓孩子冷靜情緒，然後跟孩子說：「你一直這樣哭的話，爸爸媽媽不會明白你想要甚麼。」同時讓孩子知道即使不停哭鬧，家長也不會滿足其要求。家長應鼓勵孩子要開口表達需要和感受，讓他們習慣用哭以外的方式解決問題。

專家寄語：堅持正確教導

「家長不能夠被孩子的哭聲牽着走，而是要堅持正確的教導。例如本身有一些家庭的規則，如吃飯要坐定定、玩完玩具要收拾等，若孩子不願意遵守而哭鬧，家長也不應妥協，而是要堅持原則，否則就是管教失效。即使孩子哭，家長也要讓孩子完成他們要完成的事情，這樣才可以糾正孩子的行為。」

社交障礙2：說話遲緩

家長問：「兒子現在快3歲了，但我覺得他說話不太清晰，有時候他也不太願意說話，而只是用手指住想要的東西，或只用很簡單的語句表達。我們平時都是跟他說廣東話，但傭人姐姐就會跟他說英語，他是否因而感到混淆，而有語言發展遲緩的問題？」

缺乏表達機會

專家解答：3歲的孩子一般能說出完整的短句，如「要波波」、「拿杯杯」等，若孩子仍未能做到，家長不要太擔心，因為孩子的口語表達能力是會有個別差異。但家長要留意是否有在日常生活中，為孩子提供足夠的機會，讓他們表達自己。例如是孩子想吃餅乾，如果他們只是指住那盒餅乾，父母便給他們，他們根本不需要講出來，便可以得到想要的東西，這樣會令孩子缺乏口語表達的動機。

鼓勵多說話

家長應在日常生活中，為孩子提供口語表達的機會，例如是家長可以給予一些指示，要求孩子一定要用口講，才可以得到一些東西。家長應多鼓勵孩子說話，不要取笑孩子的發音，最重要是孩子願意表達。家長也可以多跟孩子講故事，或聊聊日常生活的所見所聞，家長可以逐小句示範，再鼓勵孩子跟住重複父母的說話。通常在引導下，孩子都會吸收得很快，有明顯的進步。家長亦應避免在同一句子中夾雜兩種語言，因為這樣容易令孩子感到混淆，令他們難以調校，語言輸出也有困難。

專家寄語：口語表達能力有個別差異

「孩子的口語表達能力個別差異頗大，家長不需要過份擔心，在6歲前發音不正是可以接受的。最重要是家長爭取與孩子溝通的機會，鼓勵他們去表達。家長可在2星期至1個月內，觀察孩子的語言能力是否有進展，如有任何懷疑，可以尋求專業協助。」

社交障礙3：害怕陌生人

家長問：「女兒現在2歲了，但仍然很害怕陌生人，我們招待朋友來家裏玩，門鈴一響她立刻躲到自己的房間裏，好不容易出來，都會躲在爸爸媽媽身後怯生生地不敢叫人。朋友親切地拿出禮物給女兒，她卻躲得更後面了。我覺得她不可以這麼害羞，也擔心別人覺得她沒有禮貌，怎樣可以改善這個問題？」

應作事前預告

專家解答：小朋友「怕生保」是屬於正常的表現，尤其是他們需要時間適應有陌生人在的環境。家長在親友到訪前，應跟孩子作事前預告，解釋到時會有甚麼事情發生，家長也可以事先跟親友講解孩子的需要，避免尷尬情況出現。幼兒通常都需要一些時間「熱身」，最初會感到比較陌生，但他們透過觀察親友與父母互動，都會產生好奇心，陸續克服緊張的心情，與親友變得熟絡起來。

多鼓勵不勉強

在「熱身」的階段，家長不要勉強孩子和親友打招呼，而是要給空間予孩子適應，並陪在孩子的身旁鼓勵他們。家長可以將孩子抱起，與不熟悉的親友保持一些距離，按幼兒的步伐與親友接觸及交流。當幼兒累積了愉快的社交經驗，他們下次與陌生人溝通時，便會越來越純熟。

專家寄語：安全感助突破自我

「足夠的安全感，對於孩子建立愉快的社交經驗十分重要。而孩子的安全感是來自家人，所以平時父母與孩子建立親密的關係，在家人的陪伴和帶動下，有助孩子突破自我，探索家庭以外的世界；加上孩子本身的好奇心，讓他們能夠逐步開放自己，願意與其他人接觸和相處。」

兒童情緒問題
見招拆招

專家顧問：王美玲/資深註冊社工

　　小朋友高興時會笑；傷心時會哇哇大哭。情緒可謂人們與生俱來的情感，但過份壓抑情緒對心理和生理健康亦有所影響。若孩子受到情緒困擾，會對他們的生活、學業、人際關係等造成嚴重影響，家長又能如何拆解呢？資深社工就此作深入剖析，助家長從問題源頭着手處理。

個案1：憤怒情緒

家長問：「兒子從小的性格就比較火爆，若遇上生氣的事情，例如覺得不公平、被誤會時，他會特別激動。升上小學後，他的情況變得嚴重，在學校亦試過數次差點出手打同學。平日在家，我時常教他生氣時要深呼吸，並跟他說動手的後果，着他千萬不要碰同學。但我看得出他情緒爆發時，其實忍得很辛苦，請問我可以怎樣做呢？」

專家解答：孩子遇上問題或是情緒受到困擾時，家長總希望找出解決方法。資深社工王美玲表示，家長要解決問題，有時候並非純粹採取某方法「治標」，而是應找出深層的原因。面對孩子的憤怒情緒，尤其是牽涉公平時，他們會較容易動怒，可見孩子的正義感較強，期望能得到別人的公平對待；當其信念、期待、渴望不被接納，例如出現被誤會、不公平的事件，就會觸發他們的情緒。當家長了解到深層原因後，應從中告訴孩子，每人也有自己的分析事情的觀點，若出現看法不同的情況而導致誤會，孩子可透過澄清為自己作解釋，避免被憤怒影響情緒，導致失控及藉此控制他人。

平日累積友善印象

孩子容易被憤怒的情緒影響行為，王美玲建議家長可於平日趁孩子情緒穩定時，多教導他們與人相處的技巧，並讓孩子多主動關心和幫助身邊的同學和朋友，累積親切和友善的印象。孩子的憤怒情緒日後一旦爆發時，便能減低事件對孩子的影響。另外，隨着孩子的年紀漸長，例如升上中學、慢慢變得成熟後，便能開始從情緒主導轉為理性主導。家長宜以理性及耐心的態度，向孩子分析事件，助他們明白每人也有自己的立場，應以分析代替怒氣。

專家的話：接納各種意見

「孩子容易發脾氣，可能是年紀尚幼，容易被情緒主導理性。家長平日應多與孩子溝通，助他們明白各人立場可以有所不同，學習接納不同的意見，對於建立孩子的多角度思考，也有幫助。」

個案2：緊張情緒

家長問：「女兒今年升上小三，她之前上學兩年，也沒有甚麼不妥。但不曉得是否今年的學習比往年多默書和測驗，她好像應付得很吃力，而她不舒服的次數也有增加，時常頭痛、頭暈、胃痛，尤其是測驗考試的日子。但一替她請假，她便很快就沒事，帶她去看醫生，醫生也說她沒大礙，有時令我懷疑她是否『詐病』。」

專家解答：小朋友遇上學習壓力，例如每當測驗考試時便會身體不適，王美玲表示此乃疑似焦慮的症狀，故便以身體反應來表達承受壓力的狀況。這種情況，大人也有機會發生，例如遇上見工時，便可能會變得頻頻上洗手間，故家長不宜疑懷孩子「詐病」，而是要了解他們的狀況，了解背後的深層原因。

學業壓力 2大常見原因

孩子面對學業感到龐大的壓力，王美玲指通常出於以下2個原因：

❶ 擔心無法達到父母的期望：父母於平日可能不為意地透露出對孩子的成績的期望，例如希望他們能考獲90分或以上，但孩子自覺只能取得合格的水平，此落差容易造成他們的心理壓力，擔心達不到父母的標準。此時，家長應真心地告訴孩子，成績並非最重要，父母在乎的是孩子能否掌握知識。即使於測驗考試失分，亦是一個好機會，讓孩子了解自己的弱項、未懂之處，反而能成為下次溫習的目標，令孩子知道事情總有補救的辦法。

❷ 怕遇上不懂的題目：做試卷期間，若遇上不懂的題目，對孩子而言，他們要面對自己的不足、力有不逮之處，感覺會不好受。家長宜告訴孩子遇上不懂的題目，並不是考試的終點，而是學習的起點，以減低孩子面對考試時的壓力和無力感。

專家的話：失敗可以take two

「子女受到學業壓力而出現疑似焦慮的情緒，家長平日不宜過份看重子女的成績表現，並應讓他們明白即使在考試中失敗，也是有機會再追回。失敗後，可以再take two，讓孩子明白自己的不足，並想辦法改進，事情並不是想像般可怕。」

個案3：悲傷情緒

家長問：「家中的老狗得了重病，從小就與牠一起玩耍的兒子，知道狗狗得了重病之後，每天一看見狗狗就會感到很難過，又會時常抱着狗狗偷偷地哭。他問我們是否因他玩耍時太粗暴，令狗狗受傷而得病；又問我們如果自己考試100分，狗狗是否就不用死。我不曉得怎樣處理他的悲傷情緒，亦擔心他的情緒會影響學業。」

專家解答：孩子從小與寵物一起生活，亦十分重情的話，當他們遇上與寵物生離死別而把責任歸咎於自己，王美玲表示這對孩子的傷害會很大，他們亦較難從中釋懷。家長宜向孩子灌輸「生命有時」的觀念，好像花開花落是自然過程，人和動物的出生與死亡，亦是自然的過程一樣。最重要的是，他們曾經擁有美麗開心的回憶，一起相處的回憶仍會真實地存在於腦袋中，誰也帶不走。家長應教導孩子，即使面對寵物，或是離去的親人會依依不捨，但彼此相處的快樂時光也會陪伴着他們一輩子，令孩子感到有希望。

提醒把握相處機會

孩子面對生死教育時，王美玲建議家長可讓孩子表達悲傷之情，但不要定睛在死亡，否則離別會充滿遺憾，因誰也無法改變萬物會消逝的定律。而是應鼓勵孩子重視過程，趁着寵物仍然在生，彼此有機會繼續製造更多美好的回憶。同時，家長應告訴孩子，寵物已盡了自己的責任，為家庭成員帶來許多歡樂，並與孩子傾談日後可與寵物有怎樣的連繫，例如殮葬形式，或是把想與寵物說的話寫在風箏上，飛上天空時，就像與寵物聊天，把抽象的思念以形象化的方式表達出來，令孩子能夠釋懷。

專家的話：珍惜當下

「不管是親人抑或寵物，也會有一天離開，若孩子能於生活中有機會接觸生死教育，家長不宜忌諱不談，而是助孩子抒發內心感受，接受他們有大哭一場的表現。家長可教導孩子珍惜當下，重視仍然擁有的一切東西。」

孩子冇禮貌
可以點教？

專家顧問：吳瓊欣/資深註冊社工

點解？
我唔想！
你話嘭就嘭？

　　教養孩子的問題天天都多，許多時候家長也會被孩子的各種行為弄得身心疲累，有時候孩子的無禮行為，更會氣得家長肝火大動。在處理孩子的禮貌問題上，家長可用甚麼方法？資深社工為家長教路，即場解答家長疑問，讓大家也可教出有禮孩！

個案1：駁嘴兼「一言九頂」

家長問：「我家中有兩個孩子，姊姊從小已很有主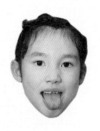見，時常質疑我和爸爸的話，有時甚至『一言九頂』，很愛駁嘴。有次當我指正妹妹做錯事時，她忽然學姊姊般駁嘴，我不想姊姊的行為影響妹妹，如果家中有兩個駁嘴王，真的很辛苦！」

駁嘴兩面睇

專家解答：孩子能學會駁嘴，資深社工吳瓊欣表示，他們想必是屬於有自己主見、聰明的孩子，而不是被動及盲目跟從的類型。此時家長宜放鬆一點，往好的方面想，孩子駁嘴其實是表達意見的一種方式，家長不應即時太個人化地覺得孩子正在反抗父母。家長可於此時了解孩子的看法，讓他們多表達，之後再教他們正確的表達方法及態度。孩子在此學習過程中，能逐步與父母建立更深厚的關係，亦能學會長大後，怎樣與人相處。

正確表達意見方法

孩子透過觀察來學習，故年幼孩子學習兄姊的行為是正常的。同樣，家長在管教時，重點應在於正確表達意見的方法，例如大家在表達意見時語氣宜平和，應等待對方把話説完才講自己的意見；家長不應太在意孩子是否有意否定自己。有時候，家長若過度阻止兄姊表達個人意見，年幼的孩子會覺得表達自己的意見，是不為父母所接受的，他們會慢慢變得被動，甚至消極地只按父母的話而行，隱藏自己內心的真正想法。

專家的話：開放態度溝通

「家長教孩子時需要身教，當遇上孩子有行為和情緒問題時，他們宜先行放鬆，用開放的心情及觀念去正視孩子的行為。孩子偶爾有一、兩次表現不合作，是有許多的原因，他們學習正確方法的機會亦有很多；但最重要的是，家長與孩子能建立良好平和輕鬆的關係，彼此才可以真正地溝通，增加孩子改正自己的機會。」

個案2：十問九唔應

家長問：「孩子今年就讀小六，我發覺他越大越不想跟我和爸爸聊天，他從前很喜歡跟我們說心事，但現在卻是『十問九唔應』。當我說他不回應人是沒禮貌的行為時，他會擺出一副『你很煩』的樣子，我看到後更感生氣，也會責罵他這種行為。有時問他問題，他會用『哦！』一聲來回答，看得出他只是敷衍我。」

發展獨立有主見

專家解答：高小至初中的孩子開始發展自己的獨立性，對事情也會抱有自己的主見，因應個別孩子的性格、喜好，以及一直與父母的關係和溝通方法，他們會和父母慢慢建立起另一套的相處模式。之前一直與家長保持良好溝通的孩子，到青春期階段，通常能夠繼續保持一起聊天的習慣。一般而言，女孩會比男孩更善於與父母溝通，這當然亦與孩子的性格有關。

家庭活動促進關係

這個階段的孩子正建立出自主獨立，部份孩子因為擔心家長會煩、生氣及反對他們等，未必太願意每件事情都與父母作分享。所以，這時家長可以透過家庭活動，一起多玩耍、多溝通。當孩子願意分享的時候，家長要學習聆聽和不批評他們，嘗試了解孩子的想法，讓他們建立獨立思考的能力。

專家的話：相處抱開放態度

「在孩子遇上困難的時候，家長可提出協助，但如孩子不想，亦不必要勉強。家長只需要讓孩子知道父母是有留意他們的，當他們有需要時，父母也會支持他們；同時應抱着開放的態度，跟孩子討論，以及尊重孩子自己的決定。」

個案3：不尊重長輩

家長問：「我們是雙職父母，孩子主要由爺爺嫲嫲照顧。最近開始發現孩子不論做甚麼事情，也要爺爺嫲嫲幫她做。例如喝水也要長輩倒給她，並把水杯送至她面前；但長輩幫完她後，女兒卻不會說謝謝。我曾糾正她的行為，但情況似乎沒有改善，爺爺嫲嫲亦會偏幫孩子，令我很頭痛。」

家長應以身作則

專家解答：家長可先了解小朋友的不尊重行為是怎樣的，他們在甚麼情況下，才會出現所謂的不尊重行為。有時孩子的情緒會影響他們的行為，而出現了在家長眼中的「不尊重行為」，他們可能只是在心情影響下，而衍生出不恰當的行為。家長宜先處理孩子的情緒，之後才向孩子提出下次可以改善的行為及態度。同時，家長也需要身教，在日常生活中表現出正確的有禮態度，不論對長者或孩子也應言行一致，不要只說別人不是，而忘了自己同樣都需要以身作則。

接受長輩溝通方式

大部份長者容易因為過於愛錫孩子而不糾正其行為，部份長者曾經會嘗試糾正但不成功，最後便不了了之。家長不需要太執着於長者有即時糾正孩子與否，因為家長往後仍有很多時間可協助孩子改正過來。現時重要的是讓孩子知道，家長已知悉孩子對長者做出的所有行為；在適合的時候，家長可與孩子指出合宜的待人接物行為。另一方面，吳瓊欣指家長應理解長者的言行，大部份目的在於愛錫孩子，但可能因為時代不同，處理方法都會不同，家長宜放鬆一點，不要因為孩子出現不當行為便激氣。

專家的話：保持良好關係最重要

「教育孩子的機會有很多，只要彼此能保持輕鬆愉快的關係，孩子願意和父母合作的機會便會增加。家長可向長者解釋自己管教孩子的方向，假如長者未能配合，家長亦毋須過份緊張。請記着：作為父母，教導孩子的機會多的是呢！」

飼養寵物
3大常見問題

專家顧問：Sheila Mcclelland/動物慈善組織創辦人

寵物對初生B有好大影響？

又想繼續養，但又擔心影響BB健康，點好呢？

　　家有飼養貓狗的準父母，從懷孕一刻開始便要考慮孩子與寵物如何共處，更有不少家庭成員會建議他們送走貓狗。其實貓狗與新生嬰兒都是家庭成員之一，應讓家中小朋友和貓狗融洽相處。究竟面對家有新生兒和寵物時，父母該如何作好準備？本文由動物慈善組織的創辦人為大家作分享。

個案1：家長為初生B要棄養動物？

家長問：「一路以來，我家中都飼養了貓，即使在懷孕時，貓貓也一直在身邊。最近我的BB出生了，身邊長輩都說不要再飼養貓，又說有嬰兒的最好不要養寵物，更為這個問題吵了很久。他們說害怕動物身上的毛和弓形蟲，會誘發BB的身體健康問題，如過敏、造成呼吸道不好等。寵物對初生嬰兒真的會有影響嗎？」

寵物家庭患急性感冒較低

專家解答：動物慈善組織創辦人Sheila表示有研究指出，若小朋友能生活在擁有毛茸茸寵物的家庭中，會令他們患上過敏和肥胖的風險降低。因為貓狗身上有兩種有益腸道的益生菌，而牠們身體上是帶有健康的細菌，故在擁抱和舔臉部過程中，可能令孩子的免疫力增強。Sheila認為如果寶寶只要現時沒有過敏，那就不用擔心了，因任何人都可隨時發生過敏反應，未必需要人寵分離那麼極端。

何謂弓形蟲？

弓形蟲是一種常見於肉類和土壤中的單細胞生物。Sheila表示如果一隻貓患有弓形體病，牠會於兩周內康復，所以如果貓已患病超過兩周就不會再有危險了。實際上，面對弓形蟲的最大風險，是處理或食用生肉或未煮熟的肉，會更容易感染疾病。若父母感到擔心，可採取合理的預防措施，如在處理貓糞時戴上手套，或確保每天更換貓砂箱，因弓形蟲寄生在貓糞便1至5天後才開始感染期。

專家寄語：喚醒免疫系統

「讓小朋友早期便開始接觸寵物，可增加他們對過敏或氣喘疾病的免疫能力，因『太乾淨』的生活方式，反而會讓他們過敏或氣喘的機率提升，因這可以喚醒孩子免疫系統，如被狗狗舔可讓他們對寵物的細菌產生抗體等。」

個案2：孩子對寵物過敏？

家長問：「女兒對狗出現過敏，每當狗毛碰到她臉上，她的臉就會出現紅塊，還會不停打噴嚏和流鼻水。因此，我把狗狗放在媽媽家中飼養，但因為這隻狗，我已飼養了牠很久，彼此感情很深，一直很想把牠帶回家，但內心又很擔心女兒會因狗毛而過敏，究竟有何方法可讓女兒和狗狗共存？」

清潔家居習慣

專家解答：若小朋友對寵物過敏，Sheila建議可採取預防措施，例如將寵物禁止進出孩子的臥室和遊戲室，經常嚴格地清潔。有時候，寵物皮屑隨處可見，家長需多用拖把掃地板、地毯吸塵、定期清潔家具。此外，家長也要確保使用高密度（HEPA）過濾網的空氣清新機，因常規過濾器可能不足以捕獲過敏原，但高效濾網卻能捕捉地毯和窗簾上的皮屑，並除去到處飄來飄去的皮屑。

定期清潔寵物

如果真的想在家中飼養寵物，父母記得每隔一段固定時間，便幫家中寵物進行清洗、整理皮毛、修剪指甲等，如此一來，便不怕讓寶寶和寵物近距離接觸。另外，寵物也要定期注射防疫針及進行正常的清潔護理，如洗澡、梳毛、刷牙、修剪毛髮及指甲；於外出散步後徹底清潔，基本上便不會帶來疾病。

專家寄語：非所有過敏者不能飼養寵物

「海外有相關研究，如嬰幼兒是輕度至中度過敏，飼養寵物並不會增加他們出現過敏的機會，即不會使過敏程度變得嚴重。研究同時亦發現，如孩子在1歲前曾飼養貓狗，他們長大後，比較不會明顯表現對貓狗過敏的相關症狀。」

個案3：如何學習愛護動物？

家長問：「家中飼養了兩隻狗狗，孩子現時只有2歲，有時看見他拉扯、推打、追趕小狗，我會因為他太調皮而責罵他。我明白孩子是想和小動物做朋友，只是不懂得對待牠們的技巧和方式，我應如何教育孩子與狗狗相處，以及愛護牠們呢？」

善用嬰兒欄作分隔

專家解答：如果孩子不能按照指示或已養成粗暴地對待寵物的習慣，那應該先將孩子和寵物分開，直到他們學懂如何善待和尊重寵物。Sheila提醒家長需確保孩子不會在無人監管下與寵物相處，因為難以預知幼兒會做甚麼行為，或在不自知的情況下，傷害或驚嚇寵物。因此，嬰兒欄可以將小朋友與寵物分隔，彼此可以有距離地熟悉對方。

從引導遊戲和獎勵入手

為培養孩子和寵物的良好關係，Sheila建議家長可從引導的遊戲和獎勵中入手。由於孩子喜歡模仿成年人，故家長可透過「sit」和「touch」這樣簡單的命令，讓他們學習一起訓練寵物。如孩子做了正確的事，其中一個獎勵是可以給寵物玩具，與牠們一起玩，或是可安靜地對着寵物，也可讓小朋友假裝自己是媽媽，給狗讀故事書。

專家寄語：讓孩子和狗一起成長

「小朋友能與寵物一起成長，可令他們發展出更高的認知發展、社交技巧和同情心。因寵物能為孩子提供一個很好的安慰，即使他們在成長時遇到很多困難，感到悲傷、憤怒或害怕時，也可向寵物傾訴。英國有研究發現，有寵物陪伴長大的孩子，其承受力遠高於獨自成長的孩子。」

性教育問題
考起家長

專家顧問：陳耀杰/香港家庭計劃指導會教育主任

　　「性」向來是一個難以啟齒的話題，但為子女進行性教育，是家長的一個重要責任，但有些性教育問題，家長也可能覺得疑惑。父母應否與異性孩子共浴？帶孩子進異性洗手間有問題嗎？與孩子的關係親密，嘴對嘴親吻又是否有問題？本文請來性教育專家為大家一一解答。

個案1：親子共浴宜不宜？

家長問：「女兒一直和媽媽有共浴習慣，但爸爸和女兒自小關係親密，所以爸爸也有幫女兒洗澡的習慣，有時也會和她一起洗，但現在女兒已經4歲，爸爸是否應該停止為女兒洗澡，以免出現過多的身體接觸，造成尷尬？」

訂立簡單規條

專家解答：親子共浴在香港家庭之間比較少見，但也很視乎每個家庭的文化而定，有時父母也會幫異性子女洗澡。其實不論是同性或異性家長，與子女共浴前，都要先了解子女的意願，並訂立一些簡單規條。例如除了必要時，像父母幫子女清潔身體，不可撫摸對方的私隱部位、觸碰對方身體前要先問對方、覺得尷尬或不安時要提出等，令子女覺得即使在共浴時，他們仍擁有身體一定的自主權。

上小學後可獨自洗澡

親子共浴應該在何時開始停止，可視乎每個家庭不同的情況。一般建議小朋友升上小學，有一定的獨立能力，便可以開始為他們獨自洗澡做準備，跟父母分開洗澡。例如在洗澡時逐漸減少幫忙，當家長認為子女可以自己洗澡時，便可以告訴他們已經「大個仔」或「大個女」，要學習照顧自己，逐漸減少共浴的次數。

專家寄語：教孩子保護私隱

「家長可趁機教孩子認識男女身體的分別、私隱部位的位置和功用、保護自己的概念；同時讓他們明白，不論任何時候，即使是面對至親，遇到不舒服的接觸，都有拒絕的權利。」

個案2：帶子女上異性洗手間可以嗎？

家長問：「爸爸和3歲女兒逛街，因為媽媽不在身旁，有需要時，女兒會隨爸爸進入商場內的男廁。媽媽也試過單獨帶一年級的兒子去游泳，兒子要隨媽媽進入公眾泳池的女更衣室，這樣做可以嗎？」

使用無障礙洗手間免尷尬

專家解答：很多媽媽獨自帶兒子，或爸爸獨自帶女兒外出時，因為孩子年紀仍小，會習慣把幾歲的小人兒帶入自己性別的衛生間或公眾更衣室。《公眾泳池規例》規定，超過8歲或身高超過1.35米的人不得進入保留給異性使用的更衣室；而根據《公廁（行為及舉止）》，5歲以下的小童可由成人陪同進入異性洗手間。年紀較小的幼兒的確需要家長陪同上廁所，家長可先找找看商場內有沒有兒童廁所或獨立、不分性別的殘疾人士洗手間，這樣已經可以解決問題。如果沒有這些如廁設施，家長應盡量利用個別獨立的廁格，減少令旁人尷尬的機會，又可身體力行，協助孩子掌握私隱的概念。

培養孩子獨立能力

基於保護心態，很多家長會很不放心，害怕子女獨自上洗手間會走失或遇到壞份子，家長其實也要放手訓練孩子獨立，並循序漸進地鼓勵他們學習自己洗澡、更衣和上廁所。媽媽可以站在更衣室門外等候，並告訴兒子有甚麼事情發生，媽媽都會即時支援，以給予孩子安全感。家長也不妨多利用故事書、光碟、情境遊戲等教材，主動教導孩子男女有別，要分開去洗手間，也可以有關兒童性侵犯的知識，指導孩子遇事時該如何處理及懂得保護自己。

專家寄語：尊重每個人的私隱

「如需要帶孩子到異性洗手間，家長要提醒孩子注意每個人的私隱，在公眾廁所或更衣室裏，孩子都不宜四處張望人家的身體，或不穿衣服亂跑，這會令別人感到不舒服，是不禮貌的行為。」

個案3：父女母子應否嘴對嘴親吻？

家長問：「爸爸向來寵愛女兒，女兒也愛親近爸爸，會主動親吻和擁抱他，他們更喜歡嘴對嘴親吻。但現在女兒已經6歲，開始明白男女有別，而且她看到爸爸媽媽會相互親吻，會否因而感到困惑？」

避免過份親密

專家解答：嘴對嘴親吻是一個傳達愛意的舉動，即使是異性家長與子女，也沒有問題。但畢竟男女有別，異性家長及子女相處時，也要注意分寸，家長可以訂下簡單的規則，如只可親吻一、兩下，避免過份親密，這樣可以幫助孩子通過觀察父母對待自己的態度和行為，從而確立起孩子的正確性別意識。

以其他方式表達愛

家長要根據異性孩子年齡大小和認知能力的程度，調整與他們的相處方式。隨着孩子開始長大，家長可向孩子解釋人與人之間應有的界線，可嘗試轉變其他方式表達，如擁抱、親吻臉頰等，依然可以是一種表達愛的方式。

專家寄語：尊重彼此意願

「小朋友的成長認知程度，以及對性別的敏感度會有差異，有部份家長亦不喜歡跟孩子有太親密的接觸，所以應否嘴對嘴親吻，也很看彼此的意願。如果家長和孩子都對這件事情感到尷尬或抗拒，就需要停止這個行為。」

生離死別
生死如何教育？

專家顧問：袁嘉華/資深註冊社工

狗狗幾時返嚟呀？

　　解釋「死亡」是怎麼一回事，往往令成人難以啟齒。對於活蹦亂跳的孩子來說，死亡似乎是件遙遠又深奧的事，但其實死亡總有一天會在身邊發生。當孩子遇到並發出疑問時，父母應如何陪他們面對？本文資深社工將會教導各位家長在面對生離死別時，如何讓孩子上一堂生死教育課。

個案1：寵物去世

家長問：「兒子今年4歲，他很愛護小動物，自出生到現在家中都有飼養小狗，他亦把寵物照顧得很好，每天都有小狗陪伴着他。可是好景不常，小狗於半年前去世，兒子哭了三天，往後日子兒子不時便問『狗狗幾時返來？』我們擔心兒子要再面臨死亡的痛，我們該讓他再養動物嗎？而作為父母，應如何與孩子一同過渡寵物離世的哀傷與思念？」

使用比喻 理解生命限期

專家解答：首先作為父母切忌嘗試以謊言瞞騙小朋友，令他們有再見面的幻想。其次要回應孩子，父母必須明白不同年齡孩子的心智發展階段都不同，教育方式和內容也要調節。如兒子年幼，問狗狗何時回來，代表孩子思念狗狗，家長可回應「你掛住狗狗嗎？我也很掛念。」若小朋友年齡較大，認知能力較成熟，父母可誠實跟小朋友表明狗狗已經死了，死了即不會再回來。袁嘉華表示，家長可利用比喻，讓小朋友理解生命是有限期，如利用植物的生長過程，由發芽、生葉、開花、枯萎，均是有限時的。而狗狗的生命就好像植物一樣，有開始、有過程、有結束，有的生命會較長，有的會較短。

為生命賦予新意義

如果小朋友主動提出可否再飼養一隻新寵物，可能表示孩子喜歡有寵物陪伴。袁嘉華提醒家長應用哪種心態飼養新寵物，也是生命教育。寵物作為小主人玩伴，是以小主人作為主體。但若以寵物作為主體，寵物在家中生活，便是家人，要好好照顧牠們，讓牠們有開心愉快被重視的生命，以此讓孩子預備做好小主人的責任，而家長也要有照顧寵物一生的承諾。

專家寄語：接納和紓緩情緒

「面對心愛寵物離開，小朋友感到失落、哀傷和思念是正常不過之事。陪伴是處理失落的最佳方法，行動也可把情感轉化。若孩子表達思念小狗，家長可明白及接納，建議一些方法一起做，尋找新的與小狗連繫的方式，例如重溫相片和影像、一同畫畫來表達對狗仔的情感、在家為小狗設計一個思念角等。亦可陪伴孩子做他們喜歡的事，減少失落和不安。」

個案2：親人重病

家長問：「小朋友現在已3歲，一直和婆婆的關係很好，大多數時間都是由婆婆來照顧她。但婆婆最近發現患有末期癌症，需要長期躺臥在醫院裏，而且壽命已不長，醫生說很快便要離開我們。因此當女兒經常問『婆婆在哪兒？』，又會問何時可看到婆婆，我和丈夫都不懂該怎樣回應，請問我該怎樣告訴她婆婆可能將會離世的消息呢？」

與重病親人建立聯繫

專家解答：袁嘉華表示，父母可清楚、溫柔地告訴孩子婆婆患病、暫時需要留在醫院，由醫生和護士悉心照顧；而爸媽可能會為了探望婆婆，或會少了時間在家，預告到時他們可跟誰在一起，這可減少孩子不安情緒。若情況適合，家長也可善用科技，如視頻和錄音，讓孩子用另類方式與婆婆接觸，製造彼此的聯繫或預備道別。若婆婆已過身，可按孩子的認知能力，透過比喻幫助他們想像以另一方式與死去親人保持情感上的連繫，例如去世的婆婆像天上的星星保護我們。

利用繪本處理情緒

或許家長覺得與孩子談及死亡，以及死亡所引伸的事是件既困難又遙遠的事情，或許會在他們面前刻意迴避這話題。然而袁嘉華提醒家長，不用急着要求小朋友理性地明白死亡是甚麼，而可藉着由繪本、電影故事等，讓孩子以不同方式接觸相關題材，並有機會表達情緒、疑問和想法。

專家寄語：與親人說再見 4部曲

「面對親人離開，與親人說再見，可參考以下4部曲，分別是：道歉、道謝、道愛，以及道別；對不起、謝謝你、我愛你、再見。父母可引導孩子回想與婆婆的生活片段，教小朋友以言語或畫圖，表達對婆婆的感謝和愛，最後父母可選擇一種方式讓孩子跟婆婆說再見。」

個案3：聽到同學説想死

家長問：「我的孩子現時5歲，從小天性樂觀，但在半年前聽到他的同學因為考試成績不理想，便不斷地説『我想死呀！』後來兒子只要遇到不如意的事，就邊哭邊説：『我想死，死了就不會不開心了。』半年下來，情況都沒有改善，我應如何開導他？」

幫小朋友做翻譯

專家解答：由於小朋友年紀尚小，袁嘉華表示他們會用有限的、新聽到的句語來表達自己。因此，家長可幫手替小朋友做翻譯，解讀他們所表達的內容背後的真正意思，如孩子面對不如意的事而表達想死，家長可跟小朋友説：「你是否想説你不開心？而你不喜歡不開心的感覺，所以希望做些事令自己回復開心？」當有人能夠明白小朋友的深層意思，為他們賦予新語言，他們之後便有可能運用新的語言來表達自己。

情緒教育回應情緒

家長要讓孩子知道擁有情緒是沒有對錯之分，問題在乎於他們表達情緒的方式是否恰當，這樣才能有助他們發展健全的心理健康。而幫助孩子明白情緒的方法，袁嘉華表示家長可多用同理心的回應，讓孩子明白自己，也讓他們感到被明白，這才是最好的情緒教育。

專家寄語：留意小朋友反應

「由於小朋友的知識和詞彙有限，故當孩子失去某些人或事物，而出現哀傷情緒時，他們或會以一些原始的方式去展現哀傷情緒，如身體不適、沉默、煩躁及易怒等。父母首先要以同理心察覺及理解孩子的情緒，嘗試接納、回應、指導，並培養他們的自我表達基礎。」

在家學習
3大問題

專家顧問：駱慧芳/資深註冊社工

　　早前因為疫情緣故，學生不能到學校上課，從而轉移在家學習。但孩子留在家中百無聊賴，學習難以集中，影響知識吸收。家長應該如何做，才能讓孩子不會在家虛耗光陰呢？本文專家會回應學童在家網上學習的3大問題。

問題1：上課不專心

家長問：「對於孩子網上學習，我家一直持積極干預的態度。由於只有小一的女兒較易分心，學校要小朋友每天於某些時段進行網上學習，她嘗試過自行坐在電腦前完成，卻走神了。最後卻要我全程陪伴在她身邊，這樣她才能專心。從前在學校上課，我也沒有聽到老師有相關投訴，不知為何面對網上學習便出現不專心的情況？我該怎麼辦？」

重新建立學習習慣

專家解答：孩子在家網上學習不專心其實是很正常的，不要因為孩子不專心就過於緊張。父母要明白學校上課是坐在教室裏，教室環境的目的很明確，就是上課。然而，疫情期間上網課是在家裏，家對孩子來說更是休閒和日常生活的環境，因此，家長不要過於執着處理孩子行為上的不專心，而是體諒孩子。因為網上學習不論對父母或是孩子都是一件新鮮事物，是需要時間去適應，所以父母應調節自己的心態和期望，一起重新建立學習的習慣。

創造良好學習環境

每個小朋友能夠專注的時間都不一樣，初小生一般專注力只有15至30分鐘，因此要為孩子營造一個集中注意力的環境。當孩子能在安靜的環境中，便可從中發掘學習的興趣，以增進專心度。此外，在孩子專注於學習時，大人不宜隨便打擾。若果孩子無法獨立完成學習，家長可在旁陪伴協助，但切忌給予過多指導。如小朋友平常上課時間表中，會設小息、午膳及茶點時間，即使孩子在家中學習，他們也同樣需要小休時間。家長謹記讓孩子適時休息，盡量與在學校的狀況保持一致，有助適應在家學習。

專家寄語：多鼓勵多讚賞

「讚賞、鼓勵是學習的重要因素，父母過多的批評，或數落孩子，會可能形成對孩子不良的暗示，使他們產生『反正自己怎麼做也做不好』的想法，從而在做事時便不原意專心去完成。因此，父母要有適當的鼓勵，才能促進幼兒注意力的培養。當孩子能夠保持10分鐘的專注力，就予以稱讚，再逐漸延長至15分鐘、20分鐘。」

問題2：交不足功課

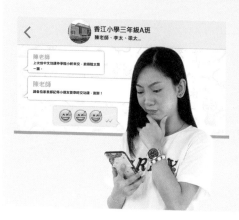

家長問：「現時老師會讓學生在網上繳交功課，我自己是個雙職媽媽，奈何要外出上班，只能靠只有小三的兒子自律交功課。但兒子的自律性未足夠，沒有準時繳交網上功課，所以經常收到老師的信息催促兒子盡快交功課，我便一再叮囑要記得交功課，但成效不大。面對此情況，應怎麼辦？」

共同訂立時間表

專家解答：其實孩子欠交功課明顯是自律上的問題，家長需引導孩子養成有效地管理時間的好習慣。因此，家長可先教孩子遵循時間計劃去做事，給孩子制訂時間表。譬如當孩子做一件自己不太願意做的事情時，讓孩子自己給出一個完成時間，告訴他們在這個規定時間內做完後，剩下的時間就可以自由支配，從而誘發孩子的積極性和主動性。

建立良好工作環境

環境設置對孩子的專注力有很大影響，家長要幫小朋友盡量減少受環境的干擾，移開讓孩子分心的誘惑，例如電子產品、玩具、不必要的擺設等。家長可為孩子提供學習時專用的書桌，桌上應該只有當下要用的物品，如文具、課本、作業簿等，令孩子保持專注。

專家寄語：與老師好好溝通

「家長應找出孩子經常性欠交功課的原因，是因為孩子不明白如何做好而索性不做，吸收不到堂上教過的東西？或是因為功課數量過多？面對這個情況，家長可嘗試與老師溝通，表達孩子的情況，看看可否就問題作出適當的調適。」

問題3：不願上堂

家長問：「兒子現在小五，他每天只需有數小時進行網上學習。不過，初時兒子願意上網課，但日子久了，現在他每到上堂時，便大鬧不願上課，說覺得好悶，有時老師會打來說兒子沒有上課。我和丈夫都要上班，難以時刻看管兒子的上課情況，請問我們該怎樣做？」

不願上網課的原因

專家解答：家長要明白，網上教學始終不及實際到學校上課的學習效果那麼好，因為網上課堂缺少面對面的交流，孩子與老師之間互動較少，不管學生懂還是不懂，老師都會接着往下講課，使學習變得冷冰冰，沒有太多情感；加上孩子長時間面對電腦，容易造成眼睛疲勞，身體勞累，那很容易讓他們對上課感到無聊，甚至失去學習興趣。

安排課間休息

由於小朋友專注力有限，駱慧芳表示在家學習必須預留時間給孩子休息。在課間休息時適度進行伸展運動、上洗手間、飲水等，都是有效的放鬆方式，又或是把學習內容進行切換，比如說從語文科轉向數學科，從而轉換注意力，這也是放鬆的一種方式。

專家寄語：建議解悶方法

「由於老師無法綜觀所有小朋友的上課情況，家長可在孩子上網課時下點工夫，例如在桌上鋪一張透明膠，讓孩子能夠在上面隨時摘錄筆記，或是可讓孩子手握握力球，有解悶、提升專注的作用。」

飲食問題
逐個擊破

專家顧問：李杏榆/註冊營養師

　　每個家長都希望孩子可以吃得好，健康愉快地成長，但孩子偏偏會有不少飲食問題，如偏食、不肯坐定定食飯、不願喝水等，令家長既擔心又焦急。本文營養師會為各位家長拆解3大幼兒常見飲食問題。

問題1：抗拒食蔬菜

家長問：「兒子今年3歲，他一直對蔬菜比較抗拒。我們一起吃飯的時候，都會鼓勵他吃菜，他以前都會吃，但最近卻會把菜撥開一邊。我們試過很多種不同的蔬菜，但他看到綠色的蔬菜便會表現厭惡之情，我們哄過他、又罵過他，都只是吃幾口，可以怎麼辦？」

多數屬暫時性

專家解答：在幼兒階段，不少孩子都會出現「揀飲擇食」的現象，而這些問題大多只是暫時性的。幼兒對食物的喜惡，有時會比較反覆，可能有一陣子不願吃某種食物，但過了一段時間後又會多吃，所以家長不必太過擔心。有些孩子對食物的質感，如粗幼、軟硬度或味道較敏感。有時家長不必執着孩子一定要吃某種食物，如孩子只是不吃菜心，而不是抗拒所有的蔬菜，其實就不是太大問題。而孩子抗拒某種食物，可能源於家長過份強迫，令孩子對該食物產生負面的聯想，所以家長反而應該順其自然。

正面鼓勵進食

家長有時會過份緊張孩子吸收不夠營養，而堅持讓孩子進食，但與其硬塞營養知識，家長反而應用正面鼓勵的方式。以蔬菜為例，家長可讓孩子認識不同種類的蔬菜，當孩子吃了一條菜或一粒豆時，家長已經可以表揚他們，正面描述孩子做得好的地方：如「你自己揀菜菜食，真乖！」。家長可以先分給孩子較少份量的食物，待他們吃完，表示要吃多些時再加添。

專家寄語：增加新鮮感

「家長可以多改變煮食的方法，將食物弄成孩子較容易接受的質感，如不喜歡焓軟的菜，可嘗試剪碎的炒菜，也可將蔬菜加入炒飯或炒米粉中。同時可利用顏色鮮艷的食材，有助引起孩子的食慾。」

問題2：唔肯坐定定食飯

家長問：「2歲多的兒子從未試過乖乖地坐下來吃一餐飯，每次吃飯總像打仗，吃飯時總是坐不定，經常要工人姐姐追着來餵，不時要出動玩具或iPad吸引他，才肯坐下來。但就算他肯坐好，也吃得很慢，經常含住唥飯不吞下去，怎樣才能夠將這個壞習慣改正過來？」

追住餵 成惡性循環

專家解答：很多小朋友一到吃正餐的時候便不停扭計，每次吃飯都像與父母在「搏鬥」般。尤其是小朋友的胃口較小，加上耐性有限，用餐時間拖得越長，就越難把飯吃完，途中更會跑了去玩，令不少家長十分頭痛。孩子吃不完食物，家長又會擔心孩子吃不飽，所以就會追着孩子來餵食，但這樣反而會造成惡性循環，孩子會覺得無論如何父母也會追着自己餵食，將「邊走邊吃」這種行為看成是理所當然，就一直不會好好坐下來吃飯。

建立良好習慣

要讓小朋友安坐吃飯，家長首先要營造良好的吃飯氣氛，到吃飯時間，就收起玩具、關掉電視，規定他們坐在固定的座位上，全家人坐在一起進食，讓他們習慣這個模式。而且小朋友都是喜歡有人作伴，如果全家人一起吃飯，氣氛會較好。在一起吃飯的過程中，家長可以和孩子多討論食物，如問孩子：「你在吃的這個魚是甚麼色的？」，增加孩子用餐的興趣，也能避免他們會分心，專注進食。

專家寄語：鼓勵表達已經吃飽

「很多時候孩子不願吃飯，其實是因為他們還未肚子餓或已經吃飽，家長要留意不要讓孩子在正餐之間，吃太多零食，以免影響胃口。如果孩子離開飯桌，家長可詢問孩子是否不願意再吃，並鼓勵他們表達已經吃飽了，也要讓他們明白離開飯桌後，即使稍後肚子餓，也不會提供食物。」

問題3：成日唔飲水

家長問：「2歲的兒子一直也不太喜歡喝水，可能是嫌水沒有味道，就算他口渴時會拿水喝，但每次只是喝很少，我擔心他身體內的水份不足。我曾嘗試加小量的濃縮果汁進水裏，情況稍有輕微改善，但我不想他喝太多的果汁，而且長遠來說也不能遷就他，我應如何令孩子多喝水？」

避免喝甜味飲品

專家解答：水是人體不可缺少的物質，所以補充水份是十分重要。通常孩子不喜歡喝水，是因為他們喝過有味道的甜味飲品如果汁，便會覺得水淡而無味。所以家長應避免讓嬰幼兒接觸甜味飲品，可能要到約4歲，他們對食物的偏好定型，才可以讓他們嘗試甜味飲品。

循序漸進 從小做起

雖然傳統的食物如牛奶、蔬菜、水果及湯等，本身已含有水份，但喝水仍然十分重要。由於小朋友越大，接受能力會越低，所以培養喝水習慣要從小做起。家長不需要強迫孩子一次過喝一大杯水，這樣會令孩子覺得很挫敗。反而應從一小杯開始，會讓孩子覺得喝水並不是困難的事，家長也可準備不同款式的器皿盛水，增加孩子喝水的樂趣。

專家寄語：訂立小目標

「為鼓勵喝水，家長可為孩子訂立一些小目標，如孩子成功喝了一定杯數的水，就可獲取一個貼紙。坊間也有一些應用程式，結合喝水和淋花的遊戲，會令喝水變得有趣。同時家長應以身作則，親身示範喝水的重要性，從而鼓勵孩子多喝水。」

街上遇危機
家長點處理？

專家顧問：張傑/兒科專科醫生、黃永泰/心理治療師

唔使驚！
媽媽喺度！

　　我們走在街上，可能會隨時隨地遇上無妄之災。家長如何可以臨危不亂，保持冷靜，應對危機？本文醫生及心理治療師，教家長面對種種突發情況。

危機1：不幸和父母走失

家長問：「有個星期日晚上，我們帶孩子外出晚飯後逛街，因為最近到處都是清貨大減價的店舖，我和丈夫非常興奮的逛得比較專注。我們當時都不知道孩子走失了，後來找到孩子時，孩子不斷地哭，回家後亦不斷發抖。其後孩子甚至不願踏足涉事商場，經常黏着我們，可以怎麼做？」

耐心安撫孩子

專家解答：心理治療師黃永泰表示，家長應耐心安撫孩子，且避免責怪孩子。孩子走失可以是父母的責任，也可以是孩子的責任。如是小孩自己走失，先不要責罵他們，家長可溫柔的提點小孩，讓他們明白下次只要自己不離開，就不會有走失的機會，並告訴他們下次想去別的地方要先告知父母。如是大人的錯，請誠心的向孩子認錯，並向其保證下次一定不會再犯。因孩子走失，對他們而言是破壞了和大人之間的連結，在大人身邊理應是安全的，所以大人更應好好修補這段關係。

維持日常流程

孩子遇意外很多時會有兩種反應，一是害怕，二是逃避。孩子因逃避而想要黏着父母是可以理解的，父母要尊重孩子對商場的恐懼，但不可以加劇。父母可提醒他們害怕是沒有問題，但不可以讓孩子依賴，也不可完全避免踏足商場。家長應讓孩子維持日常流程，並先跟老師說明，讓老師多留意孩子的狀況，但應照常日常生活。另外，讓孩子增加獨自一人也成功的經驗，讓他們日後對踏足商場更有自信。最重要是慢慢的讓孩子適應，千萬不可操之過急。

專家寄語：告訴孩子如何面對

「獨自走失相信會令小朋友感到惶恐，家長可事先告訴孩子如何應對，即使未來可能遇到也不用害怕，如學會聽廣播、不見父母時可尋找保安、走失時不要亂跑留在原地等候保安等。家長亦可教導孩子說一些自我安撫的話，走失時有自行安撫的作用。」

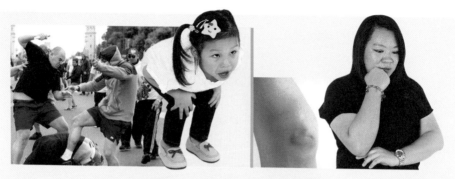

危機2：在混亂中跌傷

家長問：「有天我們跟女兒去逛街，碰巧遇上一些衝突，我們立刻逃離現場。但孩子因為跑得太快而不小心絆倒，擦傷了膝蓋，更有流血的情況。她害怕得大哭起來，我們立刻為她檢查傷口，應該不算很嚴重，可如何處理？」

皮外傷可自行處理

專家解答：小朋友有機會在混亂中不幸受傷，如擦傷、扭傷和撞傷等，張醫生表示，如果只是皮外傷，父母可自行處理。當小朋友擦傷時，第一步可用清水，先沖洗傷口，嘗試把傷口的異物沖走。一般在戶外，較易找到的清水便是樽裝水，可以減低傷口受感染而發炎的機會，然後可為小朋友的傷口止血及包紮。但如果涉及到懷疑有骨折、傷口太大、太深及出血過多等情況，就要帶孩子到急症室處理。

判斷傷勢嚴重性

最簡單的判斷方法就是，當孩子不肯活動某個部位或者手腳的地方，而這個情況持續多過數小時，就需要找醫生處理，以排除比較嚴重的骨骼或筋腱受損。當然父母如果擔心，仍鼓勵馬上找醫生作判斷，以免耽誤傷勢。

專家寄語：家長要保持冷靜

「孩子本身可能已經因為受傷而引致的身體疼痛感到不安，父母應該隨時保持冷靜。有時候，一個簡單的眼神和擁抱，便足以安慰孩子，太多的說話反而更會引起孩子的情緒不安。」

危機3：目擊意外情緒失控

家長問：「有天晚上，我們一家人在商場裏吃完晚飯後準備離開，卻發現商場外聚集了很多圍觀人士。走上前看，發現原來有兩輛汽車相撞。孩子看到受傷的司機和行人頭破血流的畫面，她感到很害怕，在我們的懷裏哭了很久。我們好不容易才安慰了她整個晚上，半夜又發噩夢哭醒了，怎麼辦？」

讓孩子感到安全

專家解答：心理治療師黃永泰表示，當孩子在外面親眼目睹意外發生，並感到驚慌、不安等，家長應提醒孩子，身處的環境是不同，也是安全的。及後家長應留意孩子的情緒是否有受到困擾，因部份孩子無法說明自己的驚恐，即使已是低年級小學生仍會失禁，甚至倒退至希望和父母一起睡覺。這時候最重要的是讓孩子明白父母是在身邊的，自己是安全的，只要父母給予足夠的耐性，慢慢地小朋友便會恢復。

循序漸進讓孩子適應

不管是大人或小孩，遇到人為造成的傷亡都會感到較為害怕，但同樣會隨着時間慢慢變淡。孩子再次遇到汽車，突然感到緊張並小心，是正常的自我保護，因此是好事，請父母不要責怪孩子的恐懼。如果孩子在再次乘車時，心跳和呼吸突然變得急速，父母可先讓孩子慢慢呼吸，大部份孩子都會很快恢復。家長及後多可跟孩子聊聊和車子相關的話題，告訴他們車子的確有機會有危險，但只要戴好安全帶，且慢慢的行駛便可，父母會一直陪在他們的身邊。其後亦可讓孩子慢慢地多接觸車子，如到安全城市體驗，讓他們慢慢地適應；也可讓孩子學會安撫自己，遇事時若能安撫自己，將感到更安心。

專家寄語：按年齡向孩子解釋事件

「年紀較小的幼兒較難明白生死意義，家長可因應孩子的年齡及理解能力，輔以生活中例子，幫助他們循序漸進地理解死亡是甚麼。在教導的同時，讓孩子明白現時自身是安全的，與逝去的人是無法再見。」

外傭湊小孩
家長好頭痛？

專家顧問：徐曉彤/香港外傭僱主關注組召集人

姐姐打我呀！

　　香港很多雙職家長工作忙碌，惟有聘請外傭幫忙照顧孩子。雖然請工人是為了減輕負擔，但對很多家長來說也是煩惱的來源，萬一工人姐姐對孩子不好，工作態度有問題，又或者導致孩子太過依賴工人，也會令家長相當頭痛。本文就着3個請工人常見的情況，請專家分享一下可以如何處理。

事件1：工人打小朋友

家長問：「4歲的兒子平時主要由工人照顧，他比較活躍，我擔心他的紀律過於寬鬆，所以有跟工人說在必要時可以言語上對他比較嚴厲。但最近有家長告訴我，工人與兒子在樓下等校車時，看到工人對兒子很惡，更打他的手板和拉他的耳仔。我事後問兒子求證，兒子說他曳工人姐姐便會打他，工人沒有善待小孩，我應該怎樣做？」

訂立清晰指引

專家解答：家長要給予外傭清晰的指引，包括日常生活的時間表及照顧孩子的標準，讓她們明白如何處理孩子在不同年齡階段會出現的不同狀況及行為。家長不妨跟外傭分享一些虐兒新聞，討論其他個案，讓她們明白何謂違法行為，怎樣才算是正確做法。家長要避免將管教責任全權交給工人，要讓她們明白自己的權限，如提醒她們在小朋友生命受威脅時才可嚴肅地制止，例如爬到高處可能墜下時、玩電掣等。而且任何情況下都不能使用暴力，發生了任何事都直接向僱主匯報，由家長直接對孩子進行管教。若外傭出現違規行為，家長可向外傭發信息提醒，以便留下記錄，如屢次犯錯，則可發出警告信，告誡外傭不要再犯。

隨時監察工人如何對待孩子

由於工人大部份時間均與小孩在家獨處，建議家長在家安裝閉路電視，讓僱主清楚了解子女在家的一舉一動，也可以與孩子作即時通話。但家長要解釋給外傭知道閉路電視的存在，讓外傭明白家長是關心子女，也很重視外傭是否能好好對待他們的孩子。在街外，僱主可在身邊安排「線眼」，如其他接放學的家長、親友等，或突擊檢查外傭照顧小朋友情況，讓家長可掌握到工人照顧孩子的情況與態度。

專家寄語：多與孩子溝通

「家長要多和小朋友溝通，實質地詢問他們對外傭的感受和想法，並觀察孩子在外傭面前的反應，如是否有出現驚慌、緊張的情緒，以及多注意他們的身體狀況，檢查身上是否有傷痕等。」

事件2：親工人多過家長

家長問：「我和丈夫都是雙職家長，所以孩子平時都會由工人照顧，工人會幫他洗澡、餵飯，更和他睡同一個房間。上星期工人姐姐回鄉放假，兒子便經常鬧情緒，有時甚至會推開我，說要工人姐姐快點回來，我覺得很崩潰，有感自己過份依賴工人，應該怎麼辦？」

父母角色無可取替

專家解答：許多父母因為工作的緣故，都選擇請工人姐姐幫忙帶小朋友，由於父母未能常常與孩子親近，孩子大部份時間都和工人姐姐在一起，孩子的感情就容易轉移到她們身上，甚至會喜歡黏着工人姐姐，多過自己父母。工人絕對不能取代父母的角色，家長在聘請工人前，必須要訂定工人在家庭的角色。家長可考慮當工人姐姐是家庭一份子，讓她們處理家務及照顧孩子，但也要讓她們明白自己的職責所在。

勿過份依賴工人

通常孩子會太過親近工人，都是因為家長將照顧孩子的責任全部都假手於工人，故家長不能過份依賴工人。隨着孩子長大，家長也可多訓練孩子的獨立能力，放手讓他們自己完成自理，減少依賴。另一方面，父母和外傭之間應訂出一致的管教方式，避免有雙重標準的情況出現，令孩子覺得無所適從，或只聽工人的話，而不聽父母的話。

專家寄語：預留親子相處時間

「當父母察覺與子女的關係變得生疏時，需先檢視自己是否因工作而忽略了與子女的相處時間，尤其在職父母下班後可能已經很疲累，未有太多耐性或時間與子女閒談及關心他們時，鼓勵父母穩定地建立一些優質的親子相處時間，以促進親子關係。」

事件3：工作態度有問題

家長問：「工人初來報到時，比較聽話，但現在來了約半年後，開始不按照指示工作，例如我着她有些寶寶的奶樽要分開洗等，她都不加理會。雖然她的工作能力不錯，但態度比較馬虎，還駁嘴駁舌，令我十分勞氣，我也不想經常在孩子面前跟她吵架，到底我可以怎樣做？」

先解釋工作程序

專家解答：工人姐姐初來僱主家中報到，家長可先向她們解釋工作的範疇及程序，包括一些需要留意的細節，例如抹碗的布和抹寶寶用品抹布要分開兩條，並解釋這些程序的原因，讓工人姐姐明白如果不這樣做會有甚麼後果。而且首3個月，家長可以多留意工人姐姐的工作情況，並多作突擊檢查，確保工作質素。

要有合理標準和期望

家長要先了解，工人姐姐不按自己的指示工作，是甚麼原因。工人姐姐到底是工作馬虎、不合作，是否有心機做。有些工人姐姐其實是頗聽話、工作認真，只是熟練了工作程序後，將步驟簡化，令過程更方便。所以家長不要過份緊張，應盡量降低標準和期望。若最終工人姐姐能按自己的方式，做到家長心目中最終想要的結果，家長也毋須要求她們完全跟足自己心目中的程序。

專家寄語：管理工人鬆緊有度

「家長要懂得拿捏管理外傭的方式，鬆緊有度，要求要合理，也不要斥責外傭。若發現工人的行為不當，僱主宜先緩和氣氛，平心靜氣與工人傾談，避免火上加油。而且，如果家長本身對工人的態度客氣尊重，孩子也會透過觀察而學懂尊重工人姐姐。」

湊小朋友
引發婆媳問題

專家顧問：陳香君/資深註冊社工

　　隨着時代變遷，現代爸媽有時會感到自己與上一代長輩們，在育兒方式上有所落差。兩代間不時會因為育兒而引起爭執，我們該如何心平氣和地跟對方進行溝通和互相尊重呢？本文資深社工將教導各位家長，在面對各種婆媳問題時應如何拆解，以及緩和雙方緊張的關係。

個案1：餵食衛生問題

家長問：「有天我提前下班，回到家時，看見奶奶將食物放在嘴中咀嚼後，放在勺子準備餵給寶寶。我認為這種餵食方式不衛生，便立即上前阻止，因我已跟她說過很多遍，這會把細菌傳染給孩子，但她卻不聽，反大聲吼我，說從前她也是這樣把兒子養大，這樣可幫助寶寶更易消化。面對這種情況，我該怎樣做？」

提供輔助工具

專家解答：奶奶帶孫子是很常見的情況，但老一輩人帶孩子會有些習慣，譬如用嘴咀嚼過食物後才餵給孩子。媳婦可先平心靜氣地與奶奶溝通，謹記態度和語氣都要良好，慢慢地說出不應把自己嚼過的東西餵給孩子的原因，不要一味堅持自己的想法，並要多體諒長輩。另外，家長也可考慮提供一些輔助工具給長輩使用，把食物攪碎，如使用攪拌機、剪刀等工具，以取代他們用口咀嚼食物，方便小朋友進食。

給長輩提供新資訊

對於年輕爸媽而言，利用網路蒐集和接觸不同的育兒新知及觀點，這種方式並非是困難之事。但相對於一般長輩來說，他們可能對於這種方式並不熟稔，因此他們許多觀念仍停留在自己所接收的舊想法中。有些奶奶並不察覺現在已經與以往變得不一樣，也不清楚其實病菌分為很多種類。所以家長可善用手機，閒時將一些有關幼兒飲食的資訊分享給長輩，讓他們知道現時餵食的方法有很多，幼兒飲食也越來越講究。

專家寄語：學習欣賞

「帶小孩並不是件輕鬆的事，更遑論比我們年長的長輩們，無論是體力或精神上，肯定比我們來得還要吃力。因此建議父母與長輩溝通育兒觀點時，記得他們也是付出了自己的時間與勞力，幫忙分擔照顧小朋友的工作，因此在態度及互動上，更應該給予體諒及包容。」

個案2：溺愛行為問題

家長問：「每次奶奶帶着玩具來我家，孩子便會嚷着要玩，奶奶總是說：『返學已經夠辛苦！細路仔都要休息吓，畀佢玩一陣囉！』有時我們一家和奶奶出外，兒子想要甚麼，奶奶便買甚麼，把兒子給縱壞了！面對老人家過於溺愛孩子該怎辦？」

與長輩訂立照顧孩子規矩

專家解答：如果長輩與媳婦的關係良好，可以與老人家單獨商討問題，嘗試以溫和的語氣向他們解釋，驕縱孩子的後果及對他們的影響，讓長輩知道小朋友是有他們該負的責任，不然便要承擔後果。媽媽也可告訴長輩，現在鍛煉孩子承擔責任的能力，他們將來才不會吃虧。

如果讓長輩照顧孩子，一定要和他們訂下規矩，也就是帶孩子的原則。媽媽可先與孩子訂立獎勵計劃，在完成某些事情後，才會得到獎勵，並將此計劃背後的原因告訴長輩，希望共同為孩子建立價值觀，當長輩知道你有獎勵制度，帶孩子時就會有所分寸。

專家寄語：共享兒孫之樂

「其實長輩只想要單純享受養孩子的樂趣，在看到孩子受責的悲哀表情時，心中就會覺得不忍，他們並非故意與子女或媳婦作對而偏幫孩子，故媽媽可邀請奶奶一起教導孩子，一起享受兒孫之樂。」

個案3：私人空間問題

家長問：「我是一位雙職媽媽，我們一家和奶奶一起住，每天放工時份，奶奶便會打電話來，要我快點回家。有時候工作繁忙要加班，或約了朋友外出吃飯，要晚點回家，奶奶便會打電話來罵我，只顧自己，不理孩子。其實我也很委屈，有時有工作需要，或想要點私人空間休息一下，我該怎麼辦？」

要多表達感謝

專家解答：雖說與長輩在照顧孩子上會出現很多意見不同的時候，但無論怎麼樣，他們都是愛孩子的，父母把孩子交給他們，總比外人帶着要放心。祖輩養大了自己的孩子，現在又要辛苦照料孫輩，沒有功勞也有苦勞，父母應多表達對他們的感謝。媳婦與奶奶是來自不同的家庭，生活習慣自然完全不同，有時候看到媳婦回家後好像很累，可能奶奶是不明白媳婦在工作上的辛勞。因此，媳婦可營造一些機會，平心靜氣地分享在工作上的辛勞和壓力，讓奶奶理解難處，並可告訴對方，在照顧孩子的時間表上，已經與丈夫商量好，互相分工合作，令對方不要誤解。

專家寄語：三方共同面對

「想要解決婆媳問題，必須仰賴丈夫、太太和奶奶三方面一起面對。由於丈夫與奶奶是母子關係，在溝通上會較媳婦容易。因此建議丈夫應私底下找時間與雙方作個別溝通、安慰對方，傾聽與理解雙方相處不愉快的原因，着手解決問題。」

火爆父母
點控制情緒？

專家顧問：葉妙妍/註冊臨床心理學家

　　小朋友不聽話，事事唱反調，父母往往會被氣得七孔生煙，可算是不少家庭的生活寫照。家長的情緒一旦失控，對小朋友也會造成負面的影響。本文專家教家長如何在盛怒下控制情緒，在不影響親子關係下，又能教出好孩子。

個案1：大聲斥責威嚇

家長問：「兒子現在4歲，有時候他在家裏不肯收拾、不肯吃飯或對長輩不禮貌，我初時都會耐心教導他要怎樣做；但他卻常常不聽從，令我感到很煩躁。於是我便大聲地喝令他，有時甚至會威嚇他，例如跟他説再不收拾好玩具，便會將玩具丟掉。他最初會有點害怕，但後來卻會向我發脾氣，甚至打我，我感到很疑惑，這個問題是否由我引起的呢？」

或影響管教失效

專家解答：家長被孩子惹生氣後，容易情緒失控，對孩子破口大罵，甚至説出具有威嚇性的説話。對年紀小的孩子來説，會令他們感到害怕，能收到即時效果。但長遠來説，當孩子知道家長只是説説而已，並不會將行動付諸實行，便會覺得家長沒有誠信。當下次遇到類似的情況，家長説出恐嚇的説話時，孩子也不會多加理會，甚至讓孩子懂得説慌與測試出大人的底線，令家長不可以有效地管教孩子。

父母應先控制情緒

父母情緒失控，除了會影響管教的有效性之外，孩子也容易會有樣學樣，如在日常生活中遇到不如意的事情時，向家人、傭人姐姐或同學大發脾氣。所以父母的情緒管理十分重要，家長應先預留一個過濾的時間給自己，讓自己細心思考整件事情，有助於克制自己衝動和負面的情緒；並在反思後，才對孩子的行為作出較全面的回應。若孩子鬧情緒或發脾氣，家長可具體地指出其錯誤的行為，讓孩子清楚知道這樣做是不對的。待自己和孩子都冷靜下來後，家長可以與孩子解釋他們是做錯了。

專家寄語：平時要約法三章

「家長罵孩子的時候，通常都是情緒的發洩，不能達到管教的效果。所以家長應在平時與孩子約法三章，共同商討孩子在犯錯後，要承受的後果。例如當孩子不收拾玩具時，家長可提醒孩子先前訂下的規則，譬如需沒收玩具等，並在心平氣和的情況下才執行，這樣孩子會較願意接受。」

個案2：做錯事打唔停

家長問：「我的兒子自小就比較頑皮，偶爾會因行為問題被學校老師投訴。現在就讀小四的他，最近在學校與同學打架，或要記小過，我一時情急起來，在家中隨手拿起一個衣架就打他的小腿，連續打了很多下，他就一直哇哇大哭，更全身發抖。雖然我之前都試過對他施以體罰，但他這次的表現實在很不尋常，令我覺得很不妥。」

傳遞「以暴易暴」價值觀

專家解答：面對不聽話的孩子，有不少父母一時氣難下，不單止動口，更會動手打孩子；尤其是那些童年也伴隨着體罰長大的父母，他們容易採取體罰方式，以立刻制止小朋友的不良行為。但在父母打孩子的過程中，孩子只是基於無力反抗而被迫就範，並非心悅誠服地知道自己錯在哪裏；所以體罰未必能有效地教好孩子，反而會為他們留下陰影。另一方面，時常遭受體罰的小朋友，會誤以為可以用暴力解決問題，當他們遇到不順意的事情，也會學着動手打人。

發火前停一停 諗一諗

父母通常都是因為怒火衝冠，一時衝動，才會出手打孩子。所以家長首先應冷靜下來，思考一下如何處理孩子的問題，如果本身屬於脾氣較容易暴躁，可交由伴侶處理，避免使用體罰。家長應用堅定但平靜的語氣，制止孩子的不良行為，向他們解釋其做錯了甚麼，並告訴孩子父母期望他們做出的正確行為。家長亦應讓孩子明白犯錯後的後果，例如需要暫停原本的活動，以及自己承擔責任；如孩子弄污了地板，父母可以要求他們自己清潔弄污的地方。

專家寄語：父母要以身作則

「父母的教育方式會直接影響孩子的想法，所以他們要為孩子樹立良好的榜樣，不能以打人解決問題；否則孩子很容易便會模仿父母的攻擊性行為，後果不堪設想。遇上孩子犯錯時，家長指出孩子的錯處後，可以做一次正確的示範，讓孩子能簡單明白何謂正確的行為。」

個案3：軍訓式管教

家長問：「我育有一名9歲女兒，由於她是  獨生女，所以我對她的要求特別高，希望她將來可以考入大學。她的成績其實不俗，但卻有點懶散，有時候我看到她沒有專心溫習，便會忍不住責罵她。最近她在溫習時經常説肚子痛要去廁所，但我總覺得她是為了逃避溫習；於是我在廁所設一塊溫習板，方便她在廁所裏也能默書。結果她在廁所裏面哭個不停，我是否給她太大壓力了？」

孩子承受較大壓力

專家解答：部份家長可能受成長經歷所影響，或是將平時在職場上對待下屬的命令方式，來對待自己的孩子，要求孩子絕對的服從，卻少有讓孩子發表意見的空間，形成高壓的教育方式。由於父母的要求高，有機會對小朋友構成身心的壓力，令他們產生焦慮情緒，並出現手震、發噩夢等情況。踏入反叛期，小朋友會開始反抗，家長又會用更嚴厲的語氣責罵他們，令親子衝突加劇，造成惡性循環。

共同商討 解決問題

家長和孩子之間需要加強溝通，才可以有效地解決問題，而不應該是家長將自己的想法強加諸在子女身上。以個案中家長為例，家長應與孩子傾談，找出孩子抗拒溫習的原因，到底是因為功課太深，或是因為已經溫到很疲累了，才令女兒不想溫習。家長可與孩子共同制訂溫習時間表，如增加休息的時間，並商討一下可如何針對性地提升孩子的學習動機，這樣會令孩子較願意配合。

專家寄語：了解孩子的想法

「很多時候，這些權威型的父母都會因為對孩子有要求，而忽略了子女的真正需要。所以家長應該給予孩子多一點耐心，平時可透過觀察孩子的行為，並嘗試走入孩子的世界，多與他們聊天。在良好的氣氛下，父母和孩子自然會有平等的互動，孩子也會較願意與父母溝通。」